生物化学与分子生物学实验指导

邵雪玲 毛歆 郭一清 主编

武汉大学出版社

中国现代金融管理学

实用全书

郑贯令 主审 蒋一苇 主编

前　言

随着生物化学与分子生物学实验技术的迅速发展，生命科学在理论与应用上都取得了惊人的进展。生物化学与分子生物学实验技术逐渐系统化，现已成为生命学科各领域研究的常规技术。为了培养创新人才，与世界接轨，我们在实验教学中进行了大量的改革：根据实验室条件，尽可能删除一些落后的实验方法，引进现代的实验方法，在原有实验教材的基础上，减去了部分验证性实验，加强了生物化学技术训练的实验，其内容包括了生物物质的定量测定技术、电泳技术、层析技术、大分子物质的提取及离心技术、酶联免疫技术、酶活性测定及动力学分析、质粒DNA 的提取、酶切、鉴定；PCR 技术；感受态细胞的制备及转化技术；DNA 重组及表达等。

本教材按 162 学时编写，总共分为七大部分，实验分上下学期完成，上学期完成生物化学部分，下学期完成分子生物学部分。希望通过本教材的指导，同学们能够顺利完成生物化学与分子生物学实验，并了解现代生物化学与分子生物学实验最基本的技术，并在今后专业课的学习和将来的工作中能灵活应用。本教材所涉及的技术面比较广泛，可供理科、农林类及医学各科学生参考使用。

尽管我们用最大努力来编写本教材，但由于编写本教材的时间紧，有错误的地方是在所难免的，希望同学们在使用的过程中提出意见，以便更好地完善教材。使用本教材的同时，同学们还应参看其他教材或文献，拓宽自己的视野，这样才能写出较好的实验报告。

　　本教材第一部分、第二部分、第六部分及第七部分由邵雪玲编写；第三部分、第四部分由郭一清编写；第五部分由毛歆编写。参加教学改革实验的还有杨惠、沈小玲。感谢武汉大学生命科学学院教学办、武汉大学教务部及武汉大学出版社对本教材出版的支持。

编　　者

2003.6.6

目 录

第一部分 生物化学与分子生物学实验入门

一、实验室规则 …………………………………………………… 1
  （一）实验室安全规则 …………………………………… 1
  （二）实验室卫生规则 …………………………………… 1
  （三）学生守则 …………………………………………… 2
二、常用仪器的使用方法 ………………………………………… 2
  （一）722S 型分光光度计 ………………………………… 2
  （二）752 型紫外可见分光光度计 ………………………… 5
  （三）离心机 ……………………………………………… 6
  （四）微量移液器 ………………………………………… 7
  （五）电子天平 …………………………………………… 8
  （六）Elx 酶标仪 ………………………………………… 9
  （七）PCT-100PCR 仪 …………………………………… 12
三、器皿的洗涤及要求 …………………………………………… 17
  （一）一般实验要求 ……………………………………… 17
  （二）分子生物学实验要求 ……………………………… 18
四、实验结果的记录及保存 ……………………………………… 19
五、实验报告的完成 ……………………………………………… 20
六、实验成绩评分方法 …………………………………………… 20

第二部分　生物大分子的制备及鉴定实验

实验一　蛋白质的盐析分级分离及凝胶层析脱盐 …………… 22
实验二　凝胶过滤层析法测定蛋白质的分子量 ………………… 25
实验三　醋酸纤维素膜电泳分离鉴定蛋白质 …………………… 30
实验四　蛋白质含量的测定 ………………………………………… 32
实验五　琼脂糖凝胶电泳分离乳酸脱氢酶同工酶 ……………… 36
实验六　常规蛋白质聚丙烯酰胺凝胶电泳 ……………………… 38
实验七　蛋白质的双向电泳 ………………………………………… 44
实验八　丹磺酰化法分析蛋白质 N-末端氨基酸 ……………… 49
实验九　动物基因组 DNA 的分离纯化 …………………………… 52
实验十　核酸的定量测定 …………………………………………… 54
实验十一　DNA 的 T_m 值测定 ……………………………………… 59
实验十二　植物总 RNA 的提取 ……………………………………… 62
实验十三　甲醛变性凝胶电泳鉴定 RNA …………………………… 64
实验十四　离子交换柱层析分离核苷酸 …………………………… 65

第三部分　酶动力学测定实验

实验一　酵母蔗糖酶的制备 ………………………………………… 75
实验二　DEAE 纤维素柱层析纯化酶蛋白 ………………………… 77
实验三　各级分蔗糖酶活性测定及纯化率的计算 ……………… 80
实验四　底物浓度对催化反应速度的影响及米氏常数 K_m 和最大反应速度 V_{max} 的测定 ……………………………… 83
实验五　反应时间对产物形成的影响 …………………………… 87
实验六　pH 值、温度、抑制剂对蔗糖酶活性的影响 ………… 89

第四部分　免疫化学检测实验

实验一　免疫血清的制备 …………………………………………… 94
实验二　双向免疫扩散法测定抗血清效价 ……………………… 97

实验三	微量免疫电泳	100
实验四	单向定量免疫电泳	102
实验五	微量酶联免疫法测定 IgG	104
实验六	免疫印迹法检测人 IgG	108

第五部分　分子生物学实验

实验一	质粒 DNA 的提取	118
实验二	质粒 DNA 的酶切	122
实验三	琼脂糖凝胶电泳检测 DNA	124
实验四	大肠杆菌感受态细胞制备及转化	127
实验五	目的基因片段的回收	130
实验六	DNA 重组	134
实验七	重组子鉴定	137
实验八	Southern 吸印	139
实验九	Southern 杂交	141
实验十	蛋白质的诱导表达及 SDS-PAGE 电泳检测	146
实验十一	PCR 扩增目的基因	153

第六部分　开放及综合设计性实验

实验一	还原糖的含量测定	156
实验二	总糖含量的测定（苯酚-硫酸法）	159
实验三	糖的硅胶 G 薄层层析	161
实验四	血清总胆固醇的测定	162
实验五	维生素 B_2（核黄素）荧光测定法	164
实验六	酪蛋白的制备	167
实验七	温度和 pH 对唾液淀粉酶活性的影响	168
实验八	琥珀酸脱氢酶及丙二酸的抑制作用	171
实验九	药用植物过氧化物酶同工酶分析及活性比较	173
实验十	谷丙转氨酶的活性测定	174

实验十一　离子交换法制备肝素……………………………… 177
实验十二　mRNA 的分离 ……………………………………… 180
实验十三　标记亲和素生物素法（BA-ELISA）……………… 183
实验十四　藻类多糖的结构与生物活性研究………………… 185
学生综合设计性实验论文选阅…………………………………… 188
　　Cu^{2+} 胁迫条件对涡虫体内过氧化氢酶活性的影响 ……… 188
　　不同家禽蛋类营养成分的比较…………………………… 195
新技术介绍………………………………………………………… 201
　　（一）生物芯片简介………………………………………… 201
　　（二）生命科学中的毛细管电泳…………………………… 203
　　（三）USING THE COMPUTER IN BIOCHEMICAL
　　　　　RESEARCH …………………………………………… 204

附　录

附录 1　常用缓冲液的配制 ……………………………………… 211
附录 2　层析技术有关介质性质及数据 ………………………… 214
附录 3　SDS-PAGE 标准蛋白质分子量 ………………………… 220
附录 4　硫酸铵饱和度计算 ……………………………………… 221
附录 5　细菌培养基、抗生素 …………………………………… 223

第一部分　生物化学与分子生物学实验入门

一、实验室规则

(一) 实验室安全规则

1. 水电使用安全规则：注意节约用水（不管是自来水还是纯净水），清洗器皿时，先用自来水洗干净后，根据实验需要再用纯净水冲洗 1~3 遍；随时注意水龙头是否关掉，水池是否堵塞、漏水；注意节约用电，不能随意调节空调，仪器使用前应了解是否漏电、短路，使用完后按操作程序关掉电源；最后离开实验室的同学应检查实验室的照明灯、仪器电源、水龙头是否关掉。

2. 药品使用安全规则：易燃易爆药品远离火源；注意有毒或腐蚀性药品的使用方法；绝对禁止药品、试剂间的相互污染；废弃液体入水池后用水冲掉，固体废弃物严禁入水池；有毒废弃物倒到指定地点。

3. 仪器使用安全规则：实验室任何仪器不能随意操作，严格按照操作规程进行；仪器在使用过程中出现故障要报告，不能自行处理；使用完仪器后要清洁仪器和台面并记录仪器使用情况。

(二) 实验室卫生规则

1. 维护实验室的清洁卫生：不能随地吐痰，乱扔废纸屑等物品。每小组实验完后清洗器皿和清理台面。

2. 严格执行卫生值日制：实验完后实验室的清洁卫生由值日小组按照布置严格执行，不能无故不做。

（三）学生守则

1．每位同学都应衣冠整齐，自觉遵守课堂纪律，维护课堂秩序，不得无故迟到早退，保持室内安静。

2．注意实验室环境、仪器和实验桌面的整洁，每次实验完后该清洗的器皿清洗完后按原位放好，经老师检查后方可离开。

3．每次开始做实验前，应预习好实验指导，要充分了解实验原理、方法及仪器设备的使用方法，原则上按照实验指导的方法进行，如经预习，查资料后，有更好的实验方法，可与老师讨论后进行，鼓励创新。

4．使用仪器、药品、试剂和各种物品必须注意节约，应特别注意保持药品和试剂的纯净，严防混杂。

5．注意安全。易燃易爆物远离火源，注意有毒或腐蚀药品的使用方法，玻璃器皿的使用、洗涤，尽可能减少损坏、割伤手。行走时不要碰撞他物。废弃液体倒入水槽并用水冲走，固体废弃物严禁入水槽，应丢入垃圾桶中。

6．实验室的清洁卫生及安全值日，经老师或班长安排后，严格执行。

7．应注意同学之间相互协作能力方面的培养。

8．真实认真地对待每次实验，记录好实验结果，实验完后，交实验报告或签名后方可离开。

二、常用仪器的使用方法

（一）722S 分光光度计

722S 分光光度计是一种简单易用的分光光度法通用仪器，能在 345～1000nm 波长范围内执行透过率、吸光度和浓度直读测定，可广泛用于医学卫生、临床检测、生物化学、石油化工、环保监测、质量控制等部门作定性定量分析，仪器的正常基本操作如下：

1．预热

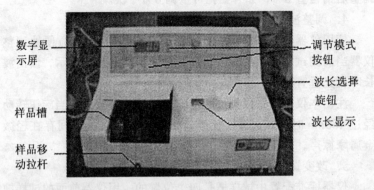

数字显示屏
样品槽
样品移动拉杆
调节模式按钮
波长选择旋钮
波长显示

仪器开机后灯及电子部分需热平衡,故开机预热30min后才能进行测定工作,如紧急应用时请注意随时调零,调100%T。

2. 调零

目的:校正基本读数标尺两端(配合100%T调节),进入正确测试状态;

调整时期:开机预热30min后,改变测试波长时或测试一段时间,以及作高精度测试前;

操作:打开试样盖(关闭光门)或用不透光材料在样品室中遮断光路,然后按"0%"键,即能自动调整零位。

3. 调整100%T

目的:校正基本读数标尺两端(配合调零),进入正确测试状态;

调整时期:开机预热后,更换测试波长或测试一段时间后,以及作高精度测试前(一般在调零前加一次100%T调整以使仪器内部自动增益到位);

操作:将用作背景的空白样品置入样品室光路中,盖下试样盖(同时打开光门),按下"100%T"键即能自动调整100%T(一次有误差时可加按一次)。

注:调整100%T时整机自动增益系统重调可能影响0%,

调整后请检查0%，如有变化可重调0%一次。

4．调整波长

使用仪器上惟一的旋钮（波长调节旋钮），即可方便地调整仪器当前测试波长，具体波长由旋钮左侧的显示窗显示，读出波长时目光垂直观察。

注：本仪器因采用机械联动切换滤光片装置，故当旋钮转动经过480nm时会有金属接触声，如在480~1000nm间存在轻微金属摩擦声，属正常现象。

5．改变试样槽位置让不同样品进入光路

仪器标准配置中试样槽是四个位置的，用仪器前面的试样槽拉杆来改变，打开样品室盖以便观察样品槽中的样品位置最靠近测试者的为"0"位置，依次为"1""2""3"位置。当拉杆到位时有定位感，到位时请前后轻轻推动一下，以确保位置正确。

6．确定滤光片位置

本仪器备有减少杂光，提高340~380nm波段光度准确性的滤光片，位于样品室内侧，用一拨杆来改变位置。

测试波长在340~380nm波段内作高精度测试时可将拨杆推向前（见机内印字指示）。通常不使用此滤光片，将拨杆置在400~1000nm位置。

注：如在380~1000nm波长测试时，误将拨杆置在340~380nm波段，则仪器将出现不正常现象，如噪音增加，不能调整100%T等。

7．改变标尺

本仪器设有四种标尺：

TRANS（透射比）：用于对透明液体和透明固体测量透点；

ABS（吸光度）：采用标准曲线法或绝对吸收法，在作动力学测试时也能利用本系统；

FACT（浓度因子）：用于在浓度因子法浓度直读时，设定浓度因子；

CONC（浓度直读）：用于标样法浓度直读时，作设定和读出，也用于设定浓度因子以后的浓度直读。

各标尺间的转换用 MODE 操作并由"TRANS"、"ABS"、"FACT"、"CONC"指示灯分别指示，开机初始状态为 TRANS，每按一次顺序循环。

（二）752 型紫外可见分光光度计

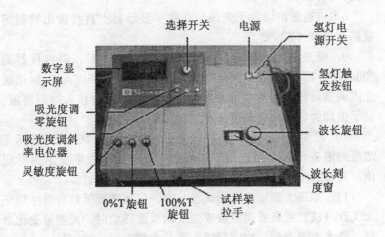

1．将灵敏度旋钮调置"1"档（放大倍数最小）。

2．按"电源"开关（开关内两只指示灯亮），钨灯点亮；按"氢灯"开关（开关内左侧指示灯亮）；氢灯电源接通，再按"氢灯触发"按钮（开关内右侧指示灯亮），氢灯点亮。仪器预热 30min。

（注：仪器背后有一个"钨灯"开关，如不用钨灯时可将它关闭。）

3．选择开关调置"T"。

4．打开试样室盖（光门自动关闭），调节"0%"T 旋钮，使数字显示为"000.0"。

5．将波长置于所需要测的波长。

6. 将装有溶液的比色皿放置比色皿架中。

（注：波长在 360nm 以上时，可用玻璃比色皿。波长在 360nm 以下时，要用石英比色皿）。

7. 盖上样品室盖，将参比溶液比色皿置于光路，调节透过率"100"旋钮，使数字显示为 100.0%T，如显示不到 100.0%T，则可适当增加灵敏度的档数，同时应重复操作"4"，调整仪器的"000.0"。

8. 将被测溶液置于光路，在数字显示器上直接读出被测溶液的透过率（T）值。

9. 吸光度 A 的测定：参照操作"4"和"7"，调整仪器的"000.0%T"和"100.0%T"。将选择开关置于"A"。旋动吸光度调整旋钮，使得数字显示为"000.0"，然后移入被测溶液，显示值即为试样的吸光度 A 值。

10. 浓度 C 的测定：选择开关由"A"旋至"C"，将已标定浓度的溶液移入光路，调节"浓度"旋钮使得数字显示为标定值。将被测溶液移入光路，即可读出相应的浓度值。

11. 如果大幅度改变测试波长时，仪器需要等数分钟才能正常工作（波长由长波向短波或短波向长波移动时，光能量变化急剧，使光电管受光后响应缓慢，需一个移光响应时间）。

12. 仪器在使用时应常参照本操作方法中"4"和"7"进行调"000.0%T"和"100.0%T"的工作。

13. 每台仪器所配套的比色皿不能与其他仪器上的比色皿单个调换。

14. 本仪器数字显示后背部带有外接插座，可输出模拟信号。插座 1 脚为正，2 脚为负接地线。

（三）离心机

离心机种类很多，有大型落地式的冷冻离心机，非冷冻台式离心机；按转速分为：超速、高速、低速离心机等，主要是由冷冻装置、调速装置、转轴、转头等组成。其基本操作过程如下：

1. 转速调到零位，接通电源。

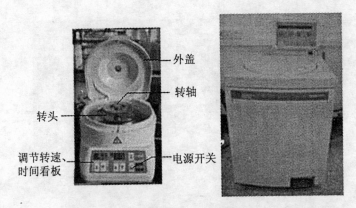

2. 是冷冻离心机则调温度为所需温度，冷机开始工作。

3. 将所离心的物质于离心管进行平衡后，放于转头相对应位置。

4. 盖好转头盖和外盖，调转速为所需转速（高速时注意离心力与转速的换算

$RCF = 1.119 \times 10^{-5} \times$ 半径 $\times$ 转速（r/min^2），调所需的离心时间。

5. 启动离心机，进入离心过程。

6. 到了时间，转速指示为零时，打开离心机盖，小心拿出离心管（防震动）。

7. 使调速旋钮为零位，断电，清洁离心机。

不同离心机的使用方法，请看各自说明书。

（四）微量移液器

每一把移液器都有一定的移液范围，使用之前请选择。

1. 用旋钮调节到所需要的体积刻度，注意，使用旋钮时，绝对禁止超出刻度范围。

2. 选择吸头牢固地装在管嘴锥上，注意，保证吸头上无任何异物。

3. 当移液管、吸头和溶液的温度一致时，开始移液。

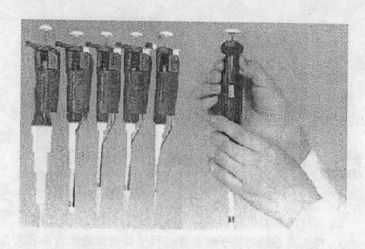

4. 将按钮压至第一停点位置。

5. 将移液管吸头浸入液面2～3mm深处，然后慢慢吸入液体。当吸头吸满液体后，将吸头撤出液面，擦掉吸头外侧的所有液滴。注意，不要触及吸嘴口。

6. 轻轻压下按钮至第一停点位置，放出液体。约一秒钟后，继续将按钮压至第二停点位置。待吸管液体放干净后，将吸头贴在容器壁上防止形成液滴滴入瓶中。撤出吸头。

7. 松开按钮使之回到起始位置。必要时换掉吸头以同样的操作吸另一种溶液。

（五）电子天平

电子天平型号不同，称量范围、灵敏度等也不同。可以参看各自型号的说明。下面以DT200为例介绍操作方法。

1. 接通220V电源（应有良好地线），打开电源开关，此时，天平内部电源开始工作，而微机处于不工作状态不显示。

2. 在空称盘时，按一下ON/OFF键，显示窗内绿色显示器全亮88888后，接着依次显示E-1至E-9，表示微机正在检查天平各个部分，然后，显示0.0g，下面可进入正常称量工作（为

保证称量稳定,天平应开机后预热 15min 后称量)。

3. 当称盘上放皮重时待天平显示稳定后按一下去皮键 T 显示值为 0.0g 后再称量,显示为净重。拿掉载荷后,显示载荷的负值,再按一下去皮键,显示回零值。

4. 称量完后,关掉电源,清洁天平。

(六) Elx 酶标仪

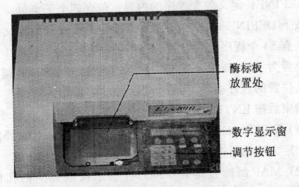

酶标板放置处
数字显示窗
调节按钮

1. 打开打印机电源。检查酶标仪电源,确信电源适配器与电源及仪器连接无误。打开电源开关(在仪器右侧)。

2. 等仪器自检结束后,按 LCD 显示器下方对应"READ"键。

3. 根据样品测量需要，输入相应程序号码（新设置程序则按 DEFINE 键设置程序）。比如，要用程序 3，在数字键盘上依次按 [0]，[3]。然后按 [ENTER] 键。

4. 输入样品的数量（如果在系统设置为不提问样品数量，则不会显示样品的数量提问）。

5. 输入酶标板的标识号（如果在系统设置里设置为不提问样品标识号，则不会显示提问）。

6. 输入每个样品的标识号（如在系统设置里为不提问样品标识号，则不会显示提问）。

7. LCD 显示器会提示将酶标板放入，然后按 [READ] 键（键盘右下脚）。如果测量中间需要终止测量，则按 [STOP] 键。

8. 测量结束后，酶标板会自动退出。同时 LCD 会显示"Calculating..."和"Generating Report..."等信息，稍后打印机会将测量结果打印出来。

9. 如果需要测量下一块酶标板，请重复步骤 3~8。

10. 测量结束后，取走样品。关掉酶标仪电源，关掉打印机电源。用酶标仪随机的罩子盖上。

DEFINE：定义各个程序的内容，包含四个子菜单。

按下 DEFINE 对应的键后，仪器会提示输入要定义的程序号（共有 54 个程序可供设置，程序号为 2~55）。程序 1 通常被厂家设置为"Quick Read"输。入程序号后按 ENTER 键，LCD 显示该位置的程序名称，这时可以通过键盘输入或修改程序名称，结束后按 ENTER 键。这时会显示四个菜单：

(1) WETHOD 方法：选择单波长还是双波长，选择波长是多少，定义酶标板类型（24、48、96 孔板等）。

(2) MAP 酶标板排列：AUTO 表示按照先空白孔校零点（BLANK），然后按标准样品（STANDARD）、对照样品（CONTROL）、检测样品（SAMPLE）的次序依次自动排列，MANUAL 表示自定义排列。

以下以 AUTO 为例：

选择排列时序号递增的方向。DOWN 表示编号从上到下递增，ACROSS 表示从左到右递增。

选择复管时排列的方向，即同一样品有多管时的排列方向。DOWN 表示样品是上下相邻，ACROSS 表示左右相邻。

选择校零方式。AIR 表示在空气中校零，FULL 表示有空白校零孔。

空白校零孔（BLANK）的数量，如果上一步选择 AIR，则不会提问 BLANK 的数量。

标准样品（STANDARD）的数量；如没有，输入 0，如果有输入数量，输入复管的数量，然后定义每个标准样品的浓度。

对照（CONTROL）的种类，以及每种如何表示，每种的数量。

待检测样品（SAMPLE）的数量及复管数量。

(3) FOMULAR 公式：各种公式的定义，仅以 CUTOFF 为例。

按 FOMULAR 对应键，选择"CUTOFF"。如果在当前的显示屏上看不到，请按"MORE"键翻到下一屏。

输入 CUTOFF 值。如果该数值需要根据其他样品的 OD 值来计算，请输入相应的公式，具体操作参看用户相应的章节。比如，欲设 CUTOFF＝阴性对照孔的 OD 值＊1.5，输入"NC：x＊1.5"（假设阴性对照用 NC 表示）。

输入 CUTOFF 附近模糊区域（GRAYZONE）的百分比。比如，超过 1.0 的认为是阳性，低于 0.9 的算阴性，介于 0.9 到 1.1 的被认为不确定。则设置 CUTOFF＝1.0，GRAYZONE＝10%。

(4) CURVE 曲线：标准曲线的类型设置。

如有标准样品，定义了标准样品的数量后，还要定义标准样品曲线的类型。

（七）PCT-100 PCR 仪

实验室常用的两种不同型号的 PCR 仪

1. 液晶显示器

开机时，仪器进入自检状态，显示"SELF TEST"，并在其下有"*"符号连续闪烁，约 10 秒钟，如此时仪器不正常，则显示故障信息，自检正常后，仪器进入下列初始状态：

—Run　　　　　Enter
　Program　　　Program

2. 键盘

< > ：选择键，用于选择显示器上出现的菜单、程序、字符。

Proceed：确认执行或输入，相当于计算机中的 ENTER 键，也用于菜单或程序换页。

Cancel：取消键，编辑时取消当前输入或退回前页菜单，运行时停止程序运行。

Pause：暂停程序运行，这时计时停止，并显示"PAUSE"，样品温度保持显示的温度，重新按一次 PAUSE 键，则取消暂停,计时继续执行。

Stop：停止程序运行,此时仪器退回初始状态,仪器停止升降温,样品基座自然回到定温。

数字键（0~9）：编程序时输入用。

Instant：在初始状态时按 INSTANT,仪器显示 TEMP,此时只要输入温度值（-9~105 度）,然后按"PROCEED"键,仪器应到达并保持设定温度,并有计时功能,停止时只要按"CANCEL"或"STOP"即可,不必通过编程序操作。

3. 程序操作

主要通过选择键"＜＞"来确定执行的功能,用"PROCEED"输入所设定的各种参数,用"CANCEL"取消输入或退回到前一步程序。以后各操作均如此,不再重复叙述。

（1）运行程序

当开机自检后仪器进入初始状态,显示如下：

    - Run   Enter

    Program   Program

按 PROCEED 键,则显示如下：

    Run

    Quickstep?

通过选择键"＜＞",RUN 下方显示的程序名称不断变化,可选择运行仪器内已存在的程序名称,此时再按"PROCEED"显示如下：

    Enable   Disable

    Heat bannet

选择 ENABLE 就是使用热盖,选择 DISABLE 就不使用。选择后,此时再按"PROCEED",程序开始运行。

（2）编写新程序

本仪器在出厂前已含有 14 个程序,具体名称和程序见原厂说明书，在具体使用时，操作员可按需要编写程序，输入后会自动贮存，关机后可长期保留，本仪器贮存80个程序，每个程序最多可编100步9999个循环。

开机进入初始状态后，选择 ENTER PROGRAM，这时显示变成：

     – New   List
     Edit   Delete

选择 NEW 并按"PROCEED"，即可进入编写程序状态，此时显示：

    Name   A

这时让操作员输入程序的名称，通过选择键"＜＞"，可选用各种字母、字符来组成程序名，选好字符后按"PROCEED"输入则光标向右移动，这时可输入程序名的下一个字符，程序名最多由8位字符组成。在最后一个程序名字的字符输入后连续2次按 PROCEED，则程序名字输入完毕。程序名字输入后显示：

    Step1   – TEMP
    Goto   Option   End

此时可选择编程每步所要进行的操作，用"＜＞"选择，然后按"PROCEED"输入。

① 设定温度和时间（TEMP）

可设定温度范围从 –4 度至 105 度，时间从 1 秒至 99 小时 55 分 59 秒之间或无限长。输入温度时可显示：

    Step1
    Temperature_

若设定温度为 92.5 度，输入后按"PROCEED"键则出现：

    Step1   Hrs_
    Min   Sec

这时输入设定温度的持续时间。若某项时间为"0"，可直接按"PROCEED"输入时间后，按"PROCEED"键，则显示：

　　　　　Step2　　　　　　　　　　－TEMP
　　　　　Goto　　　　　Option　　　　End
这时可以进行第2步的编程，选择相应的操作。

②设定循环程序（GOTO）

选择"GOTO"后，显示为：

　　　　　Step4
　　　　　Go to step _

这时可以设定程序从哪一步循环，例如转到第2步开始循环，则在 GO TO STEP 后输入"2"，显示为：

　　　　　Step4　　　　　Go to 2
　　　　　　　　　　　　_ more times

这时可以输入循环的次数，如需从第1步到第3步循环30次，则输入29，循环结束后进入下一步。

③设定其他功能（OPTION）

编程时选择 OPTION 后出现3个附属功能 Extend, Increment 和 Slope，是用于循环程序时，每一次循环按一定的规律进行时间、温度或时间温度的变化。

EXTEND，是用于时间延伸，负值为时间的缩短，例如：

　　　　　Step5
　　　　　Temperature _

开始希望在65度，输入65后则出现：

　　　　　Step5
　　　　　Min _　　Sec

这时可输入初始的保留时间，例如40秒，则按"PROCEED"后，显示变为：

　　　　　Step5
　　　　　Extend　　_ s/cyc

这时可输入每次循环的时间变化率，如"2"，即保留时间从初始的40秒开始经每次循环增加2秒。

15

INCREMENT：与上述原理相同，只不过是温度的变化。
SLOPE：为循环时间和温度同时变化。

④设定程序结束（END）

每一个程序的设定最后一步必须由"END"来完成，用选择键选"END"后显示：

    Step#   Temp
    Goto   Option   _ END

这时按"PROCEED"输入最后一步"END"，再按一次"PROCEED"，确认该程序已编写结束，这时已自动贮存在仪器内，程序运行到最后一步即 END 时，仪器停止加热或降温，并显示"COMPLETE"，基座将回到室温状态。

（3）列出程序（LIST）

可以观察仪器内存有的任何程序的全部内容，在初始状态下，选择 ENTER PROGRAM 后选 LIST，变为：

    List
    Quick step?

这时可选择所要列出的程序内容的程序名称，如选"Quickstep"，按 PROCEED 后，会显示程序的内容，格式如下：

program	step	block
Quickstep	1	94℃
	00:00:05	
cycle	time	sample

由上图可知 QUICKSTEP 这个程序的第一步是设定温度在 94 度保留 5 秒，用"< >"可变换显示每一步程序内容，显示最后一步"END"，再按一次">"则回到初始显示状态。LIST 只是列出程序内容以供观察参考，不能改变程序各项值。

（4）修改程序（EDIT）

正在编写新程序时，若输入值有误，在未按"PROCEED"时只要按 CANCEL 即可回到原参数位置重新修改，输入新值即可,若已经按"PROCEED"输入程序,需要修改参数时则连续按 CANCEL,直到显示回到这一步的原始状态。

对于修改以前存在的程序,则是在仪器初始状态下选择 ENTER PROGRAM,然后选择 EDIT,按 PROCEED 后显示:

  Edit
  Quickstep?

这时可以用"＜＞"选择键来选择所要修改的程序名称,找到后按 PROCEED,这时会出现程序的内容,如:

  Quickstep 1   94℃
  00:00:05

用"＜＞"移动光标到所要修改的内下,输入新参数,按"＜＞"转换程序内容以便作另外的修改,继续按"＞"直到退回初始状态,修改即告完成。

(5) 删除程序(DELETE)

可用来删除仪器内存有的任何程序,在初始状态下选择"ENTER PROGRAM",然后选择 DELETE,按 PROCEED 后显示为:

  Delete
  Quickstep?

用"＜＞"选中程序后按 PROCEED,则该程序已从仪器贮存器中删除。

三、器皿的洗涤及要求

(一) 一般实验要求

1. 初用玻璃器皿的洗涤:新购买的玻璃器皿表面常附着有游离的碱性物质,可选用洗衣粉(或去污粉)洗刷,再用自来水洗净(洗净的标志是器壁不挂水珠或无油污迹象),然后浸泡在 1%～2% 盐酸溶液中过夜(不少于 4h),再用自来水冲洗,最后用蒸馏水或去离子水洗 2～3 遍(此目的是洗掉器皿表面的自来水，用少量多次法，注意节约用水），自然控干或在60～100℃烘箱内烘干备用。

2．使用过的玻璃器皿的洗涤：

（1）一般玻璃器皿，如试管、烧杯、锥瓶、量筒等，先用自来水洗刷至无污物，浸泡于洗衣粉水（或用毛刷沾取去污粉于壁内外），再用大小合适的毛刷细心刷洗（禁止粗暴洗而损坏器皿），用自来水冲洗干净，观察是否干净（同上标志）后，用蒸馏水或去离子水冲洗2～3遍，自然控干或烘干备用（难以洗去的污物，可选用适合的洗液浸泡涮洗）。

（2）量器，如吸量管、滴定管、容量瓶等。使用后应立即浸泡于水中，勿使物质干涸。使用完毕后用流水冲洗，以除去附着的试剂、蛋白质等物质，控干后浸泡在铬酸洗液中4～6h（或过夜），再用自来水充分冲洗，最后用蒸馏水冲洗2～3遍，风干备用。

（3）其他，如装过传染性样品的容器（病毒或微生物、病人血清等），应先进行消毒（高压等方法）再进行如上的洗涤。

（二）分子生物学实验要求

1．所有玻璃制品洗涤方法同上，但均需高压灭菌，而买来的塑料制品不少已经灭菌，要看说明，有些塑料制品不能高压灭菌（可能会变形等），要用γ射线灭菌（这些基本上是厂家已经灭菌好的一次性用品，现在常使用的小离心管和吸头均可进行高压灭菌。

2．某些特殊实验（如处理极小量的单链DNA或用Maxam-Gilbert法进行测序），则以使用覆盖有硅甲烷薄层的玻璃或塑料制品为宜。具体操作如下：

（1）将待硅烷化的物品（吸头、试管、烧杯等）放入一个大的玻璃干燥器内。

（2）干燥器内放置一小烧杯，内装1ml二氯二甲硅烷（小心，此物有毒和挥发性，务必在通风橱中进行）。

(3) 通过接液瓶将干燥器与真空泵相连,开启真空系统抽气至二氯二甲硅烷开始沸腾,立即切断真空泵与干燥器之间的连接管道,关闭真空泵。干燥器应维持真空状态(一旦二氯二甲硅烷开始沸腾,必须马上关闭真空泵,否则,挥发剂将被抽入真空泵而无法挽救地破坏真空泵)。

(4) 待二氯二甲硅烷挥发至尽 (1~2h),在化学通风橱中打开干燥器。让二氯二甲硅烷烟雾分散后,取出器皿,玻璃制品和玻璃棉使用前应于180℃烘烤2小时。塑料制品不应高压灭菌,但使用前须用水彻底冲洗。

大件玻璃制品的硅烷化是把物品用氯仿或庚烷配制的5%二氯二甲硅烷浸泡或漂洗,有机溶剂挥发时,二氯二甲硅烷即沉积在玻璃制品上,用前反复冲洗多次或于180℃烘烤2小时。

四、实验结果的记录及保存

准备一个实验记录本,将预习和阶段性结果或最后结果记录于此。应真实记录实验结果。

生物化学与分子生物学实验的结果有数据、现象和图谱。

1. 数据的记录

在预习中列表格。实验中,一个样品最少测2次并求平均值。有的实验要求对单次测量结果求出相对偏差、平均偏差、标准偏差、相对标准偏差等,可按有关公式计算。

2. 现象的记录

在记录本中如实描述所产生的现象。

3. 图谱的记录

如电泳后的结果,可以通过照相或描画(根据实验室条件进行)。

每次实验结果记录完成以后,样品(如试管中的溶液、电泳凝胶等)保存一段时间,与所记录的结果核实一遍,确认无误后,冲洗掉或弃去。如是阶段性结果,后面的实验还要用,应封闭后（根据不同温度要求）于冰箱冷冻或冷藏保存。

五、实验报告的完成

阶段性的实验不要求写实验报告，一个大实验完成以后，写综合性的实验报告（如同论文的形式），格式为：

标题（4号字）

姓名、学号、班级（5号字）

摘要及关键词（小5号字）

引言

进入正文：

1　材料与方法

1．1材料

1．1．1材料

1．1．2试剂

1．2方法

2　结果

3　讨论

六、实验成绩评分方法

实验操作30%（实验前是否有预习、实验是否积极参与、器皿仪器是否会用等）。

实验报告40%（是否按格式写、是否简明扼要重点突出、结果好坏及讨论是否正确）。

实验素质20%（是否遵守实验室规则和学生守则）。

实验考试10%（根据实验中出现的问题临时决定方式）。

第二部分 生物大分子的制备及鉴定实验

生物大分子主要是指生命机体在进行新陈代谢时所产生的蛋白质（包括酶）和核酸等大分子物质。对于这些大分子的结构与功能的研究一直受到生命科学工作者的高度重视。随着人类基因组的 30 亿碱基对测序工作的完成，生命科学研究将进入后基因组时代。为鉴定大量未知蛋白质（酶）的结构和功能，蛋白质研究也将进入一个空前活跃的时期，因此，分离纯化和鉴定蛋白质的技术显得十分重要。这方面的工作所涉及到的知识面非常广泛（包括有物理、化学和生物等方面的知识），但有一个基本的思路：取材→溶剂溶解大分子物质→使溶剂中的混合物质分离→进一步纯化→进行定性、定量及结构分析，为了保持样品的活性，一般是在低温下操作或加酶抑制剂。目前常用的技术有：在破细胞方面有用匀浆器、研钵、超声波、反复冻融、化学方法、酶解等方法；提取或溶解生物大分子方面有用水、盐溶液、稀酸、稀碱、有机溶剂溶解的方法；蛋白质分级分离有盐析分级分离、有机溶剂分级分离、等电点的 pH 调节分离；进一步纯化生物大分子有透析、超滤、离心（高速、超速）、层析（分子筛、离子交换、亲和层析、HPLC、气相层析等）、电泳（包括等电点聚焦电泳、双向电泳、毛细管电泳）等；鉴定方面有电泳（薄层电泳（纸，NC 膜）、凝胶电泳（PAG，琼脂，淀粉））、结构分析（各种光谱、质谱、核磁共振等）、活性分析（酶活测定等）、含量测定（fonlin 酚法、考马斯亮蓝 G250 法、核酸的各种呈色法、紫外分光光度法、荧光光度法）等。目前采用的生物大分子的分离纯化技术是各种各样，但基本的原理总结如下：①利用混合物中几个组分在不同溶剂中的分配率或溶解性的差别，把它们分配到几个物相中，如盐析、有机溶剂提取、层析和结晶等；②将混合物置于单一物相中，通过物理力场或电场的作用使各组分分配于不同的区域而达到分离的目的，如电泳、超速离心、超滤等。

沿着上述的基本的思路和基本原理，利用自己所掌握的知识，采用已有的技术或稍加修改的技术或完全更新的技术，将自己所需要的蛋白质（酶）或核酸分离纯化出来。只有将样品纯化了以后，进行结构、定量等方面的分析才有意义。

由于学时和实验室条件有限，本部分通过下列实验仅向同学们介绍上述部分技术。

实验一　蛋白质的盐析分级分离及凝胶层析脱盐

【目的和要求】

1. 了解盐析分级分离蛋白质的基本原理及操作。
2. 了解葡聚糖凝胶 SephadexG-25 脱盐的基本原理和凝胶柱的制备及洗脱技术。
3. 752 型紫外可见分光光度计的使用方法。

【实验原理】

用大量中性盐使蛋白质从溶液中析出的过程称为蛋白质的盐析作用。蛋白质是亲水胶体，在高浓度的中性盐影响下脱去水化层，同时，蛋白质分子所带的电荷被中和，结果蛋白质的胶体稳定性遭到破坏而沉淀析出。经透析或用水稀释时又可溶解，故蛋白质的盐析作用是可逆过程。盐析不同的蛋白质所需中性盐浓度与蛋白质种类及 pH 有关。分子量大的蛋白质（如球蛋白）比分子量小的（如白蛋白）易于析出。改变盐浓度，使不同分子量的蛋白质分别析出。

含盐蛋白质溶液流经凝胶层析柱时，小分子量的盐分子因进入凝胶颗粒的微孔中，所以向下移动的速度较慢；而大分子的蛋白质不能进入凝胶颗粒的微孔，以较快的速度流过凝胶柱，从而使蛋白质与盐分开。

蛋白质分子中具有芳香族氨基酸残基，因此，对 280nm 的紫外光有最大吸收，且成正比，符合 Beer 定律。将分步收集的样品液于紫外分光光度计检测，收集蛋白质样品。

【实验器材与试剂】

1. 新鲜蛋清或血清。
2. 饱和硫酸铵溶液。
3. 固体硫酸铵。
4. 试管 20 支，三角漏斗，玻棒，滤纸，试管架。
5. 葡聚糖凝胶 SephadexG-25。
6. 752 型紫外分光光度计，石英比色皿。
7. 内径 1.2cm，高 30cm 的玻璃层析柱，乳胶管，止水夹。

【实验方法】

1. 卵清蛋白的分离

（1）取卵清约 2ml 于试管中，加等体积的饱和硫酸铵溶液，搅拌均匀，蛋白质析出，静置，用滤纸过滤致滤液澄清，沉淀即为卵球蛋白，将此沉淀用 2ml 半饱和硫酸铵洗涤一次。

（2）将析出卵清球蛋白后的滤液放入试管中，再加入固体硫酸铵使之达饱和，观察有无沉淀产生，若有沉淀，则过滤之。滤出的沉淀即为卵清白蛋白。

2. 脱盐

（1）凝胶柱的准备：称取葡聚糖凝胶 sephadexG-25 5g，加入 80ml 洗脱液（蒸馏水），在沸水浴中溶涨 30min，用倾泻法倾去悬浮的小颗粒。然后装进内径 1.2cm，高 30cm 的玻璃层析柱内。注意装填均匀，无气泡和裂纹存在，并保持液面在凝胶床表面以上。

（2）加样与洗脱：打开柱的出口，让柱内液体慢慢流出，直至液面与凝胶床表面相平。然后加入 2ml 含盐蛋白质溶液，至样品液面刚好到达凝胶床表面时，渐渐加入 30ml 洗脱液，以 0.5～1ml/min 的流速洗脱，每 5ml 装试管分步收集。

（3）收集液的蛋白质含量可用 280nm 处的紫外光吸收法等检测。盐类可用离子呈色等方法鉴定。

（4）画出蛋白质 280nm 吸收曲线图，将蛋白质溶液收集待用。

【结果举例】

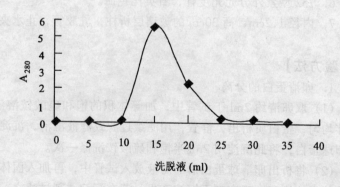

蛋白质脱盐洗脱曲线

【注意事项与思考】

1. 上述操作中加入固体硫酸铵的量可参看附录计算后加入。
2. 装柱加入凝胶时凝胶高度要达 25cm 高度左右，否则由于容量小脱盐情况不好。
3. 测量后的样品不要倒掉，收集蛋白质含量高的样品封口后于冰箱保存。
4. 使用过一次的凝胶柱，进行平衡后可再次使用。但使用过多次的应进行再生处理（低浓度碱浸泡 30min，用水洗至中性，低浓度酸浸泡 30min，用水洗至中性，装柱使用，或加防腐剂于冰箱保存。
5. 蛋白质的沉淀作用还有哪些方法？哪些变性了？哪些没有变性？
6. 目前常用的脱盐还有哪几种方法？
7. 柱层析有哪些种类？其分离物质的基本原理如何？

实验二　凝胶过滤层析法测定蛋白质的分子量

【目的和要求】

了解凝胶过滤层析法测定蛋白质分子量的基本原理，巩固柱层析的操作方法。

【实验原理】

凝胶过滤（Gel Filtration）也称排阻层析（Exclusion Chromatography）、分子筛层析（Molecular Sieve Chromatography）和凝胶层析（Gel Chromatography）。凝胶一般是由葡聚糖的胶体溶液凝结而成的固体物质，其内部具有很细微的多孔网状结构。凝胶层析的机理是分子筛效应，当凝胶装柱后，柱床容积称为"总容积"（V_t），它由 V_o、V_i、V_g 三部分组成，$V_t = V_o + V_g$，式中 V_o 为"外水容积"，或"孔隙容积"，即存在于柱床内凝胶颗粒外面孔隙之间的水相容积；V_i 为"内水容积"即凝胶颗粒内部所含水相的容积，相当于一般层析法中的固相容积，它可以从干凝胶颗粒重量和吸水后的重量求得；V_g 为凝胶本身的容积，$V_t - V_o = V_i - V_g$。"洗脱容积"（V_e）是指自加入样品开始到组分最大浓度（峰）出现时所流出的容积，它与 V_o 及 V_i 关系为：$V_e = V_o - K_d V_i$，式中 K_d 为样品在两相中的分配系数，即分子量不同的溶质在凝胶内部和外部的分配系数，它只与被分离的物质分子的大小和凝胶颗粒孔隙的大小分布有关，而与柱形状无关，对特定物质来说是一常数。对一层析柱凝胶床来说，只要通过实验得知某一物质的洗脱容积 V_o，就可求出其 K_d 值，上式可以改写为 $K_d = (V_e - V_o)/V_i$，式中 V_o 可用不被凝胶滞留的大分子物质溶液求得，如蓝色葡聚糖-2000（MW = 2000000U），血红蛋白，印度黑墨水等；V_i 可用 $g \cdot W_r$ 求得（g 为干凝胶重，W_r 为凝胶的吸水量，以 ml/g 表示）。

K_d 可以有以下几种情况：

(1) 当 $K_d = 0$ 时，则 $V_e = V_o$，即对于根本不能进入凝胶内部的大分子物质全排阻，洗脱容积等于孔隙容积。

(2) 当 $0 < K_d < 1$ 时，$V_e = V_o + K_d V_i$，表示内容积只有一部分可被组分利用，扩散渗入，V_e 在 V_o 和 $V_o + V_i$ 之间变化。

(3) 当 $K_d = 1$ 时，$V_e = V_o + V_i$，即小分子可完全渗入凝胶内部时，洗脱体积应为外水容积和内水容积之和。

(4) 当 $K_d > 1$ 时，表示凝胶对组分有吸附作用，此时 $V_e > V_o + V_i$，如一些芳香化合物的洗脱容积超过理论计算的最大值。

但实际工作中，对于小分子物质也得不到 $K_d = 1$ 的数值，尤其是交联度大的凝胶，差别更大。这是由于一部分水相与凝胶结合牢固，成为凝胶自身组成的一部分，因而不起作用，即小分子不能扩散入内所致。这时可以用有效分配系数 K_{av} 代替 K_d，将 $V_i = V_t - V_o$ 代入前式，$K_{av} = (V_e - V_o)/(V_t - V_o)$，$V_e = V_o + K_{av}(V_t - V_o)$，即将水固定相（$V_i$）改为与凝胶颗粒的固定相（$V_t - V_o$），而洗脱剂（$V_e - V_o$）作流动相，$K_{av}$ 与 K_d 对交联度小的凝胶差别较小，而对交联度大的凝胶差别较大。

目前使用的凝胶有葡聚糖凝胶、聚丙烯酰胺凝胶、琼脂糖凝胶及琼脂糖和葡聚糖组成的复合凝胶。这些凝胶具有以下特点：化学性质稳定，不与待分离物质发生反应，没有或只有极少量的离子交换剂基团，且有足够的机械强度。本实验用的是葡聚糖与还氧化氯丙烷通过交联反应制成的有孔颗粒状凝胶。交联程度越大孔径越小，它不溶于有机溶剂，能在水和电解质溶液中迅速溶涨。

不同型号的葡聚糖凝胶用英文 G 表示，如 G-25、G-50、G-75、G-100 等，后面的数字为凝胶吸水量乘以 10。在实际工作中，超细颗粒主要用于分辨率十分高的柱层析中，细颗粒用于制备，中等和粗颗粒用于低操作压下高流速的制备柱层析。

根据凝胶层析的原理，同一类型化合物的洗脱特征与组分的分子量有关，流过凝胶柱时，按分子大小顺序流出，分子量大者走在前头。通常以 K_{av}（K_d）对分子量的对数作图可得一曲线，称"选择曲线"，曲线的斜率是凝胶性质的一个重要特征，在一定范围内，曲线愈陡分级愈好。在测定分子量时，使用曲线的直线部分为宜。

【实验器皿和试剂】

1. SephadexG-75：用 0.05mol/L Tris-HCl（pH7.5）的缓冲液浸泡好。

2. 洗脱缓冲液：0.05mol/L Tris-HCl（pH7.5），内含 0.1mol/L NaOH。

3. 标准分离混合物：3mg/ml 蓝色葡聚糖，8mg/ml 肌红蛋白质，0.3mg/ml DNP-天冬氨酸。溶剂为含 15%（V/V）甘油的洗脱缓冲液。

4．色谱柱：2.5cm×30cm。

5．未知蛋白质溶液。

【实验方法】

1．缓缓搅拌 Sephadex 悬浮液，然后慢慢倒入预先置好的层析柱中，使凝胶床达到 2.5cm×30cm，上端出口管用螺旋夹控制。千万不能产生气泡。当凝胶已完全沉降后，控制凝胶床上面的液面在 5cm 左右。

2．接着将待分离物质加到层析柱的上端（柱床上端的液面降至使凝胶刚好露出为止），用移液管吸取待分离的样品，并使移液管尖端的位置大约在胶床上方的 1cm 处，持好移液管，勿变动位置，然后缓慢而连续地将样品释放到凝胶床上层。移开移液管，用 10ml 的试管放在部分收集器上收集从柱下端流出的溶液，此时控制流速在每 4 秒钟 1 滴（相当于 60ml/h）。

3．当样品液刚好完全流入凝胶床时，向柱上端很小心地添加缓冲液至合适高度，以保证流速的稳定。注意，切勿搅动柱上端的凝胶，也不能使凝胶床上端无充裕的缓冲液甚至干涸。

4．先收集 28ml 流出液，再开始按每管 4ml 收集，连续收集并对每管编号，当所有的有色物质均从层析柱中洗脱下来后，关闭螺旋夹停止洗脱。然后在对应的波长下读各管的光吸收值。葡聚糖（650nm 蓝色）；肌红蛋白（500nm 琥珀色）；DNP-天冬氨酸（440nm 黄色）。

5．洗脱完最后一个谱带（黄色）后，将 1ml 未知样品溶液加到层析柱内，先收集 28ml，然后按前述方法开始每 4ml 一管连续收集。如果蛋白质无色，就在 280nm 波长条件下读光吸收值。

【结果计算】

K_d 值的计算：利用每管的光吸收值对管的编号数作图（注意前 7 管里以 28ml 一次收集的，第一个 4ml 管的编号应为 8），应在每个峰位置标出测量波长，画一个坐标图，用观察法或算术平均法确定每个峰的确切位置。算术平均法的计算式：峰中点 = 峰内每管编号乘以峰内连续各管的光吸收值之和，再除以峰内连续各管的光吸收值。

对 1ml 未知样品也按上述法做。计算出肌红蛋白的 K_d 和未知样品的 K_d 值。

肌红蛋白和未知样品分子量的估算：利用下表数据，用已知蛋白质的 K_d 值（纵坐标）对 lgMW 作图，再算出肌红蛋白和未知蛋白的分子量。

在图中适当位置标明肌红蛋白和未知样品的 K_d 和 MW。

蛋白质	分子量	K_d*
胰蛋白酶抑制剂（胰脏）	6 500	0.70
胰蛋白酶抑制剂	9 000	0.60
细胞色素 C	12 400	0.50
α-乳清蛋白	15 500	0.43
α-胰凝乳蛋白	22 500	0.32
碳酸酐酶	30 000	0.23
卵清蛋白	45 000	0.12

K_d 值是在 SephadexG-75，0.05mol/L Tris-HCl（pH7.5），内含 0.1mol/L KCl 的条件下测定的。

实验三　醋酸纤维素膜电泳分离鉴定蛋白质

【目的和要求】
1. 掌握醋酸纤维素膜电泳的基本原理。
2. 掌握点样技术和卧式电泳槽的使用方法。

【实验原理】
混合蛋白质样品中各种蛋白质的等电点不同，在pH8.6的巴比妥缓冲液中，各种蛋白质所带的静电荷量不同，加上蛋白质分子大小不相同，在电场中移动的速度也不等，例如，血清或卵清样品中白蛋白等电点比其他蛋白质低，在pH8.6时带的负电荷比其他蛋白质多，加上白蛋白的分子较小，因此在电场中比其他蛋白质移动速度快。这样，样品中的蛋白质在醋酸纤维素膜上就可以形成区带，可以分离和分析蛋白质组成等。另外，作为纯化了的蛋白质电泳后的区带应是一种，否则就没有纯化好。

醋酸纤维素膜是对纤维素的羟基进行乙酰化而得的，将其溶于有机溶剂（丙酮、氯仿、氯乙烯、醋酸乙脂等）后抹成一均匀薄膜，则成醋酸纤维素膜，它有强渗透性，对分子移动无阻力，作为区带电泳的支持物进行蛋白质电泳具有简便快速、样品用量少、应用范围广、分离清晰、没有吸附现象等优点。

蛋白质与氨基黑10B特异结合而不与醋酸纤维素膜结合，染色一段时间后脱色，膜上没有结合蛋白质的部位就不呈色，有蛋白质的部位就颜色明显。

【实验器材和试剂】

1. 试剂

（1）血清蛋白质或其他蛋白质样品。

（2）0.05mol/L 巴比妥缓冲液（pH8.6）：取巴比妥钠10.3g，加蒸馏水约800ml溶解后，加入1mol/L HCl 9.55ml，补加蒸馏水至1000ml，测试其pH应为8.6。

（3）染色液：取氨基黑10B 1.0g，磺基水杨酸10g，加冰醋酸20ml，蒸馏水400ml，摇匀溶解。

（4）漂洗液：2.5%醋酸。

（5）透明液：无水乙醇7份，冰醋酸3份混合即成。

2. 器材

电泳仪、电泳槽、培养皿、血色素吸管、铅笔、尺、玻片、滤纸、镊子等。

【实验方法】

1. 膜的准备：将醋酸纤维素膜切成8cm×2cm条块（或根据需要决定薄膜大小），在薄膜一端1.5cm处用铅笔轻轻画一条线（点样处），浸入巴比妥缓冲液中至完全浸湿（大概20min左右）。用镊子取出浸透的薄膜，夹在两层滤纸中间，轻轻按压，吸去多余的液体。

2. 点样：用较尖的血色素吸管或其他点样管吸取样品2~3μl涂在玻片的一端截面上（玻片宽度应小于膜宽度），然后将沾有样品的玻片截面与膜点样处轻轻接触，样品即呈一条线"印"在膜上，使样品尽量点得细窄而均匀。

3. 电泳：已点好样品的薄膜架在铺有滤纸桥的电泳槽上，使点样端靠近阴极，膜用镊子轻轻拉平不能贴在槽底。盖好槽盖，通电，控制电流强度为0.7~0.8mA/cm膜宽，当白蛋白（仔细观察可见淡黄色）移动约3cm即可切断电源停止电泳，一般为40~60min。

4. 染色和漂洗：取下膜，立即浸入染色液中 10min。取出移入 2.5%醋酸中漂洗脱色，每隔 5min 换一次漂洗液，直至膜背景无色为止（约更换 3 次），即可观察到清晰的电泳图谱。

5. 透明处理：待漂洗干净的电泳图谱完全干燥后（可用电吹风机吹干），浸入透明液中 0.5min 后，立即取出，平贴在玻璃板上，完全干燥后即成为透明的薄膜图谱，可作扫描或照相。如将该玻板浸入水中，则膜脱下，吸干水分，可长期保存。

【结果举例】

γ-球蛋白　β　$α_2$　$α_1$　白蛋白　前白蛋白

【思考】

1. 点样为什么要细窄和均匀？
2. 膜铺在电泳槽桥上为什么要拉平和不能贴在桥底？
3. 电泳槽为什么要密闭性好？

实验四　蛋白质含量的测定

【目的和要求】

1. 了解 FOLIN 酚法（Lowry 法）和考马斯亮蓝法 G-250 法的基本原理和干扰因素。
2. 掌握标准曲线法测定蛋白质含量的基本操作。

3. 掌握722S型可见分光光度计的使用方法。

【实验原理】

FOLIN 酚法：FOLIN 酚法所用的试剂有两部分组成。试剂甲可与蛋白质中的肽键起显色反应，试剂乙在碱性条件下极不稳定，易被酚类化合物还原成蓝色（蛋白质中的酚基将磷钼酸-磷钨酸还原成蓝色复合物）。在一定条件下，蓝色强度与蛋白质的量成正比，范围约在 $25\sim250\mu g/ml$ 蛋白质浓度。

考马斯亮蓝 G250 法：考马斯亮蓝 G250 在酸性溶液时呈茶棕色，最大吸收峰在 465nm。当与蛋白质结合后变成深蓝色，最大吸收峰转至 595nm，在 $1\sim100\mu g/ml$ 蛋白质浓度范围内成正比。

两种方法都是目前常用的，但各有优缺点（干扰物等不同），根据情况选择使用，或结合使用。

【实验器材和试剂】

1. FOLIN 酚甲试剂：将 1 克碳酸钠溶于 50ml 0.1mol/L 氢氧化钠中，再把 0.5g 硫酸铜溶于 100ml 1% 酒石酸钠溶液，然后将前者 50ml 与后者 1ml 混合。混合后 1 日内使用有效。

2. FOLIN 酚乙试剂：在 1.5L 容积的磨口回流瓶中加入 100g 钨酸钠、25g 钼酸钠、700ml 蒸馏水、50ml 85% 磷酸及 100ml 浓盐酸，充分混匀后回流 10h。完后，再加 150g 的硫酸锂、50ml 蒸馏水及数滴液体溴，开口继续沸腾 15min，以便驱除过量的溴，冷却后定容到 1000ml，如显绿色，可加溴水数滴至溶液呈黄色。置于棕色瓶暗处保存。使用前用标准氢氧化钠（1mol/L）溶液滴定，酚酞为指示剂，当溶液颜色变为紫红、紫灰，再突然转变成墨绿时即为终点。滴定时，滤液需稀释 100 倍以免影响终点观察。该试剂的酸度一般为 2mol/L 左右。使用时稀释约 1 倍，最终浓度为 1mol/L。

3. 标准蛋白溶液：（1）Lawry 法：配置成 $250\mu g/ml$（可用

生理盐水配制）的溶液。（2）考马斯亮蓝法：配制成 100μg/ml（可用生理盐水配制）的溶液。

4. 考马斯亮蓝 G250 试剂：称 100mg 考马斯亮蓝 G250（CBG），溶于 95%乙醇 50ml 后，加蒸馏水约 800ml，加 85%磷酸 100ml，最后补足水到 1000ml，混匀过滤。

5. 722S 型分光光度计，电子天平，离心机，容量瓶，试管（大）20 支，吸管 0.5、0.2、1、5（ml）各两支。

【实验方法】

1. 样品的制备

用台秤称取小白菜或其他植物 10g，用剪刀剪碎后，用碾钵碾成匀浆，加水 30ml，继续碾 10min，倒入离心管中，另加 5ml 水将剩余物洗进离心管，平衡后于 1000r/min 离心 15min，取上清 10ml 定容到 100ml，待测。

2. 标准曲线的制作与样品测定

按下表操作

A. FOLIN 酚法 B. 考马斯亮蓝法

	管号	标准曲线						小白菜	纯的蛋白质溶液
		1	2	3	4	5	6	7	8
A	标	0	0.2	0.4	0.6	0.8	1.0	0.4	0.4
	水	1.0	0.8	0.6	0.4	0.2	0	0.6	0.6
	F甲	5.0	5.0	5.0	5.0	5.0	5.0	5.0	0.5
		混匀，室温下放置 10min							
	F乙	0.5	0.5	0.5	0.5	0.5	0.5	0.5	0.5
		混匀，30℃ 15～30min，650nm 读光密度值							
B	标	0	0.02	0.04	0.06	0.08	0.1	0.05	0.05
	水	0.1	0.08	0.06	0.04	0.02	0	0.05	0.05
	K	5.0	5.0	5.0	5.0	5.0	5.0	5.0	5.0
		混匀，室温放置 5～30min，595nm 读光密度值							

(标:标准蛋白质溶液,F:FOLIN 试剂:K:考马斯亮蓝G250 试剂。自己制备的蛋白质溶液测定含量时注意稀释度)

【注意事项和思考】

1. 蛋白质样品和呈色剂都不应有沉淀,有沉淀应过滤除去。

2. 染料与蛋白质结合后,形成的蓝色复合物易轻度沾附试管壁或比色皿,每次使用不能用有着色的比色皿。使用完后应立即清洗干静。

3. 分别计算出两种方法测得的小白菜中蛋白质的含量(单位:mg/ml),比较二者的结果,说明有什么不同(混合蛋白质溶解物中可能含有什么物质)。

4. 测定植物材料中蛋白质含量时,上述两种方法你会选择哪一种?

【结果举例】

蛋白质标准曲线

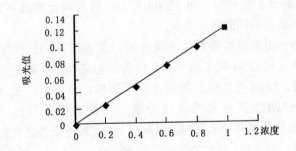

实验五 琼脂糖凝胶电泳分离乳酸脱氢酶同工酶

【目的和要求】

1. 掌握用琼脂糖凝胶电泳分离 LDH 的原理和方法。
2. 学习定量测定动物血清中 LDH 的各同工酶的相对百分含量。

【实验原理】

乳酸脱氢酶（lactate dehydrogenase，简称为 LDH）EC（1,1,1.2）存在于一切有糖酵解作用的细胞中，在 NAD^+ 存在下催化乳酸脱氢形成丙酮酸或使丙酮酸还原成乳酸。其酶蛋白是由四个亚基组成的四聚体，亚基有心脏型（H 型）及肌肉型（M 型）两种。根据酶蛋白四聚体中 H 型和 M 型亚基比例的差别，可将 LDH 同工酶分为五种，即 LDH1、LDH2、LDH3、LDH4、LDH5。亚基分子量相似，为 35000 左右，但带电荷情况不同，因此在电泳时有不同的电泳速度。

本实验系用琼脂糖凝胶作支持介质，在 pH8.6 的巴比妥缓冲液中电泳，将 LDH 同工酶分离。以乳酸为底物，在氧化型辅酶 I 存在时，LDH 可使乳酸脱氢生成丙酮酸，使 NAD^+ 还原成 $NADH_2$，$NADH_2$ 又将氢传递给吩嗪二甲酯硫酸盐（PMS），PMS 再将氢传给氯化硝基四唑蓝（NBT），使其还原为蓝紫色化合物。因此，有 LDH 活性的区带即着蓝紫色。

【实验器材和试剂】

1. 0.7%琼脂糖凝胶液：称取琼脂糖（电泳纯）0.7g，置于

250ml 烧杯中，加入 pH8.6、离子强度为 0.05 的巴比妥缓冲液 100ml，混合，水浴加热至溶解后备用。

2. 电泳缓冲液 pH8.6、0.075mol/L：巴比妥钠 15.45g，巴比妥 2.76g，溶于蒸馏水，稀释至 1000ml。

3. 显色剂：0.5mol/L 乳酸钠溶液（用 pH7.4，0.1mol/L 磷酸盐缓冲液配制）0.5ml，0.3% 氯化硝基四唑蓝水溶液 1.5ml，氧化型辅酶 I 5mg，0.1% 吩嗪二甲酯硫酸盐水溶液 0.2ml，混匀，待氧化型辅酶 I 溶解后使用。此合剂于临用前按需要配制。

4. 10% 醋酸溶液。

5. 25% 尿素水溶液。

6. 电泳装置（电泳槽、电泳仪等），恒温培养箱，冰箱。

【实验方法】

1. 凝胶板的制作：将电泳洗净、干燥，两边用胶带封口，选好梳子并装好，调节水平，浇已熔化好的 0.7% 琼脂糖凝胶适量，冷至凝固，然后移至 4℃ 冰箱中放置 30~50min 后使用。

2. 点样及电泳：将电泳缓冲液加到槽中刚好盖上凝胶，用微量取样器加 20μl 血清样品（样品中或加入溴酚蓝指示剂），按 4~5mA/cm 胶宽调节电流，电泳大约 40~50min，直至血清白蛋白（或溴酚蓝指示剂）距胶终点 1~2cm 时停止电泳（如果室温比较高就在冰箱中电泳）。

3. 显色：将电泳后的凝胶放于带盖培养皿中，用毛细滴管加显色剂均匀铺凝胶上一薄层，然后平放于 37℃ 恒温培养箱中避光保温 60min，使同工酶各区带充分显色。

4. 固定：将显色后的凝胶板放入 10% 冰乙酸水溶液中固定 10min，倾去固定液，蒸馏水漂洗 2 次，洗去多余的显色液。

5. 定量分析：漂洗后的胶板，用刀割下各区带，分别移入已放有 3ml 25% 尿素水溶液的试管内，混合，置沸水中 10min，待凝胶全部熔化后,移至37℃水浴中冷却10min后比色。722分光光度计,波长560nm,蒸馏水调零,记录各区带光密度值。计算各区带的百分含量。计算方法为:各区带光密度值除以各区带光密度之和乘以100%。

【注意事项】

1. 在LDH同工酶显色后,往往在LDH1前沿有一块桃红色的非特异性显色区域,这不是LDH1的组成部分,定量时应去掉。
2. 溶血标本对结果有明显影响,不能采用。
3. 本法也适用于各种体液LDH同工酶测定。

【结果举例】

实验六 常规蛋白质聚丙烯酰胺凝胶电泳

【目的和要求】

1. 掌握聚丙烯酰胺凝胶电泳的基本原理。
2. 垂直板状凝胶电泳槽的使用和凝胶配制方法。
3. 学会利用相对迁移率和蛋白质色带形状分析蛋白质种类。

【实验原理】

聚丙烯酰胺凝胶，是由丙烯酰胺单体（Acr）和少量的交联剂 N，N'-甲叉双丙烯酰胺（Bis），在催化剂（过硫酸铵或核黄素，前者为化学聚合，后者为光聚合）和加速剂（N，N，N'，N'-四甲基乙二胺）的作用下聚合交联成的三维网状结构的凝胶。改变单体浓度或单体与交联剂的比例，可以得到不同孔径的凝胶（孔径大小可以通过改变单体 Acr 的浓度或单体与交联剂的比例而控制），以此凝胶为支持物的电泳称为聚丙烯酰胺凝胶电泳（PAGE）。一般采用 7.5% 聚丙烯酰胺凝胶分离蛋白质，2.4% 聚丙烯酰胺凝胶分离核酸。

蛋白质分子是两性电解质分子，在直流电场内可以移动，PAGE 过程中具有三种物理效应：

（1）凝胶对样品分子的筛选效应（分子筛效应）

颗粒小、呈球形的样品分子移动快，颗粒大、形状不规则的分子通过凝胶孔洞时的阻力大，移动慢。

（2）不连续系统对样品的浓缩效应

凝胶层的不连续：浓缩胶的孔径大，分离胶的孔径小，在电场的作用下，蛋白质颗粒在大孔胶中泳动时遇到的阻力小，移动快，而在小孔径胶中，移动慢。因而在两层凝胶交界处，由于凝胶孔径的不连续性使样品迁移受阻而压缩成很窄的区带。

缓冲液离子成分及 pH 的不连续：在两层凝胶中均有三羟甲基氨基甲烷（Tris）及 HCl。Tris 的作用是维持溶液的电中性及 pH 值，是缓冲配对离子，HCl 在任何 pH 值溶液中均易解离出氯离子，它在电场中迁移率大，走在最前面，故称为快离子或前导离子。电极缓冲液中的甘氨酸（Gly）在 pH8.3 的缓冲体系中其解离度很小，仅为 0.1%～1%，因而在电场中迁移率很小，称为慢离子或尾随离子。血清中，大多数蛋白质 pI 在 5.0 左右，在 pH8.3 或 6.7 时均带负电荷，在电场中均移向正极，其有效迁移率介于快慢离子之间，于是蛋白质就在快慢离子间形成的界面处，被浓缩成极窄的区带。三者的有效迁移率顺序为 m 氯 α 氯＞m 蛋白 α 蛋白＞m 甘 α 甘（m 为迁移率 α 为解离度），当进入 pH8.9 的分离胶时，甘氨酸解离度增加，其有效迁移率超过蛋白质，因此氯离子及甘氨酸离子沿着离子界面继续前进。蛋白质分子由于分子量大，被留在后面，然后分成多个区带，因此分离胶之间 pH 的不连续性可控制其迁移率。在浓缩胶中要求慢离子较所有被分离样品的有效迁移率低，以使样品在快慢界面之间被浓缩。进入分离胶后，慢离子的有效迁移率比所有样品的有效迁移率高，使样品不再受离子界面的影响。

电位梯度的不连续：电位梯度的高低与电泳速度的快慢有关（$v = mE$）。电泳开始后由于快离子迁移率大，就会很快超过蛋白质，在快离子后面形成一个离子浓度低的区域即低电导区。低的电导区就具有较高的电位梯度，而高的电位梯度又使蛋白质和慢离子在快离子后面加速泳动。当三者的迁移率与电位梯度的乘积彼此相等时，三者的泳动速度就相等。在快慢离子的移动速度相等的稳态建立后，二者之间形成一个稳定而又不断向阳极移动的界面。而蛋白质的有效迁移率在快慢离子之间，因此也就聚集在这个移动附近，被压缩成一个狭小的中间层。

(3) 电荷效应

当进入 pH8.9 的分离胶后，各种血清蛋白质所带静电荷不同，而有不同的迁移率。表面电荷多，则迁移快；反之则慢。

因此各种蛋白质按电荷多少，分子量大小及分子形状以一定的顺序排列形成一个个区带。不连续聚丙烯酰胺凝胶系统所具备的电荷效应、分子筛效应和浓缩效应大大提高了它的分辨率。

电泳完后的蛋白质染色目前常用的是考马斯亮蓝染色法（比氨基黑染色灵敏度提高，可以进行定量扫描，比银染色简便）。

【实验器材和试剂】

1. 电极缓冲液的贮存液（pH8.3）：取 Tris 6g，甘氨酸

28.8g，溶解，用水稀释到 1L（用时稀释 10 倍）。

2．TEMED（四甲基乙二胺）原液。

3．凝胶原液：丙烯酰胺 30g，甲叉双丙烯酰胺 0.8g，加水到 100ml。

4．pH8.9Tris 缓冲液(分离胶缓冲液)：Tris 36.3g + 1mol/L HCl48ml + 水稀释到 100ml。

5．pH6.7Tris 缓冲液（浓缩胶缓冲液）：Tris 5.9g + 1mol/L HCl 48ml 加水稀释到 100ml。

6．10%过硫酸铵溶液（新鲜配置）。

7．样品液：0.05%溴酚蓝溶液：40%蔗糖溶液之比为 1:1:2

8．考马斯亮蓝 G250 染色液：100 毫克考马斯亮蓝 G250 染料，溶于 200ml 水中，慢慢加入 7.5ml70%的过氯酸，再加水至 250ml，搅拌 1h，小孔滤纸过滤。

9．5%醋酸溶液。

10．电泳仪、垂直板电泳槽、微量加样器、长针头的注射器、烧杯、试管、长滴管、平皿等，1%的琼脂。

【实验方法】

1．电泳装置安装

把干净、干燥（如果不干净可用无水酒精棉球擦洗）的两块玻璃板（一块高，一块矮）分别小心地插入 U 型软橡胶槽中，并组装到电泳装置中（高玻璃一边靠正极），把相应的梳子插入两玻璃板之间，来回均衡用力地调节电泳装置上的四个螺丝，直到四个螺丝受力一致，梳子能自由取出、插入为止，取下梳子待用。

2．封口

(1)将整个电泳槽以 60 度左右的倾斜度摆好，正极朝上。

(2)用滴管吸取刚熔化的 1%的琼脂，小心地加到 U 型橡胶槽底部，其高度约 0.5cm，静止不动，15～20 min 左右完全凝聚。

3．制胶

（1）在小烧杯中按以下比例配好分离胶（充分混合好但又不能带入太多的空气）

总体积	凝胶原液	pH8.9分离胶缓冲液	蒸馏水	TEMED	10%过硫酸铵
20ml	5.0ml	2.5ml	12.5ml	0.01ml	0.15ml

将配好的分离胶沿着高玻璃一边缓缓地倒入玻璃板之间，约10cm高，倒好后，电泳槽垂直放好，用长针头注射器吸取1~2ml水，针头平口一边贴着玻璃慢慢地在胶面上封上一层水，这时胶与水交界面处能看到一条清晰的界面，后逐渐消失，置30~40min左右，又出现清晰的界面后，用长针头注射器小心地吸出水，接着用滤纸吸取剩余的水分。

（2）在小烧杯中按以下比例配好浓缩胶（充分混合好）

总体积	凝胶原液	pH6.7浓缩胶缓冲液	蒸馏水	TEMED	10%过硫酸铵
10ml	1.0ml	1.25ml	7.65ml	0.005ml	0.1ml

将小烧杯中的浓缩胶沿着高玻璃一边缓缓地倒入玻璃板中已凝聚好的分离胶上，直到离玻璃板顶端5~10mm时，插入梳子；约15~20min待胶凝固后，小心地取出梳子，即可见多个样品槽。

4．加样、电泳

（1）用大烧杯取800ml电极缓冲液加到电泳槽中，电极缓冲液盖住矮玻璃，接上电源，电压调到50V，用100μl加样枪取10~30μl样品加入到样品槽中。

（2）将电压调到100V，等到溴酚蓝走过浓缩胶后，将电压调到150V,待溴酚蓝离底部0.5cm时(约3h),切断电源,拔去插头,倒出电极缓冲液。

5. 剥胶、染色、脱色

松开四个螺丝,取出夹胶的玻璃板并置水中,轻轻地将玻璃板与胶分离,用刀切下浓缩胶部分弃之,剩余部分放入盛有染色液的大平皿中,1h后,将染色液倒入回收瓶中,将染好的胶用自来水冲洗几遍,加入脱色液,放到脱色摇床中进行脱色,第2天看结果。

【思考】

1. 电泳槽在安装时为什么要干净干燥(特别是胶条和玻璃板)?
2. 电极缓冲液用过后是否还能利用?为什么?
3. 做好PAGE的关键步骤有哪些?为什么?

【结果举例】

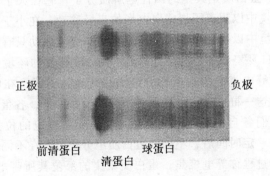

实验七 蛋白质的双向电泳

【目的和要求】
1. 学习和掌握蛋白质双向电泳的基本原理和方法。
2. 了解双向电泳技术在蛋白质组学研究中的应用。

【实验原理】
蛋白质的双向电泳的第一向为等电聚焦（Isoelectrofocusing, IEF），根据蛋白质的等电点不同进行分离；第二向为 SDS-聚丙烯酰胺凝胶电泳（SDS-PAGE），按亚基分子量大小进行分离。经过电荷和分子量两次分离后，可以得到蛋白质分子的等电点和分子量信息。

等电聚焦是一种特殊的聚丙烯酰胺凝胶电泳，其特点是在凝胶中加入一种两性电解质载体，从而使凝胶在电场中形成连续的 pH 梯度。蛋白质是典型的两性电解质分子，它在大于其等电点的 pH 环境中以阴离子形式向电场的正极移动，在小于其等电点的 pH 环境中以阳离子形式向负极移动。这种泳动只有在等于等电点的 pH 环境中才停止。如果在一种 pH 梯度的环境中将含有各种不同等电点的蛋白质混合样品进行电泳，那么在电场作用下，不管这一群混杂的蛋白质分子原始分布如何，各蛋白质分子将按照它们各自的等电点大小在 pH 梯度相对应的位置进行聚集，经过一定时间后，不同的蛋白质组分便分割在不同的区域之中。这个过程称等电聚焦，蛋白质聚集的部位其所带电荷为零，测定此部位的 pH 值，即可知该蛋白质的等电点。

十二烷基硫酸钠-聚丙烯酰胺凝胶电泳（SDS-PAGE），主要用于测定蛋白质亚基分子量，SDS 是一种阴离子去污剂，作为变性剂和助溶剂，它能断裂分子内和分子间的氢键，使分子去折叠，破坏蛋白质分子的二级和三级结构。强还原剂则能使半光氨酸残基之间的二硫键断裂。在样品和凝胶中加入 SDS 和还原剂后，分子被解聚成它们的多肽链。解聚后的氨基酸侧链与 SDS 充分结合形成带负电荷的蛋白质-SDS 胶囊，所带的负电荷大大超过了蛋白质分子原有的电荷量，这就消除了不同分子之间原有电荷的差异。因此这种胶束在 SDS-聚丙烯酰胺凝胶系统中的电泳迁移率不再受蛋白质原有电荷的影响，而主要取决于蛋白质或亚基分子量的大小。当蛋白质的分子量在 15kU 到 200kU 之间时，电泳迁移率与分子量的对数呈线性关系。

蛋白质双向电泳是将蛋白质等电点和分子量两种特性结合起来进行蛋白质分离的技术，因而具有较高的分辨率和灵敏度，已成为蛋白质特别是复杂体系中的蛋白质检测和分析的一种强有力的生化手段。

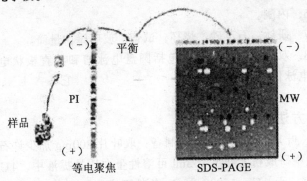

双向电泳的基本原理图示

【实验器材和试剂】

1. 凝胶原液（28.38% Acr ＋1.62% Bis）。
2. TEMED 原液。
3. 过硫酸铵。
4. pH3.5~10、pH4~6、pH6~8 两性电解质载体。
5. 尿素。

6. 10%非离子去污剂 NP-40。
7. 50mmol/L NaOH。
8. 25mmol/L H_3PO_4。
9. SDS。
10. 60mmol/L Tris-Cl pH6.8。
11. 2-巯基乙醇。
12. 10倍 SDS-PAGE 电极缓冲液（0.25mol/L Tris-HCl，1.92mol/L 甘氨酸，1%SDS）。
13. 0.05%溴酚蓝。
14. 1%琼脂。
15. 蛋白质抽提液（30mmol/L Tris-HCl，pH8.0，0.1mmol/L $MgCl_2$，6mmol/L 抗坏血酸，1% PVP，5%甘油，0.02% 2-巯基乙醇）。
16. 丙酮。
17. 研钵，石英砂，烧杯，试管，玻璃棒，量筒。
18. 双向电泳槽一套（包括圆盘电泳槽和垂直板状电泳槽等），电泳仪。

【实验方法】

1. 叶片可溶性蛋白质的制备：取叶片 200mg 加少许石英砂于液氮中研成粉末悬浮于 3ml 可溶性蛋白质抽提液中，4℃放置 1h 以上，于 4℃，15000 r/min 条件下离心 15min，取上清液按 1:4 与冷丙酮混合，-20℃ 放置 3h 以上或过夜，同样离心取沉淀，用 80%丙酮洗两次，同上离心，真空干燥，溶于 400μl（9.5mol/L 尿素，5mmol/L K_2CO_3，1.25% SDS，0.5% 2-巯基乙醇，2.2%两性电解质 pH3.5~10，6%TritonX-100）中，经离心取上清液上样。

2. 第一向等电聚焦电泳（IEF）

（1）玻璃管的准备：取内径 1.5~2mm，长 16cm 玻璃管用乙醇/盐酸为 6/4 的溶液浸泡 30min，再用蒸馏水冲洗，烘干。灌胶前用封口膜封住管的一端，并固定。

（2）凝胶的配制与电聚焦：取尿素 2.06g，加入 0.75ml 蒸馏水，0.75ml 10% 的 NP-40，37℃ 水浴（不能超过37℃），待尿素充分溶解后加入 0.5ml 的凝胶原液和两性电解质 0.05ml，pH3.5～10；0.05ml，pH4～6；0.15ml，pH6～8，再加入 10μl 10% 1 AP 和 3μl TEMED，混匀后灌胶。在灌好的胶管的顶部覆盖 1cm 的双蒸水，室温聚合 1h 以上，待胶聚合好后吸去上层水溶液并加样 30μl，再加入 20μl 样品覆盖液（8mol/L 尿素，1.5%两性电解质（0.3% pH3.5～10，0.3% pH4～6，0.9% pH6～8），5% NP-40，5% 2-巯基乙醇）和 50mmol/L NaOH 至管口，待电泳。电极液为：上槽（负极）50mmol/L NaOH，下槽（正极）25mmol/L H_3PO_4，在室温下，按 200V×15min，300V×20min，400V×30min，500V×30min，600V×16h 的程序进行聚焦。

3. 取胶、pH 梯度的测定及胶条的平衡

聚焦结束后，取出玻璃管，吸去两端的溶液并以双蒸水清洗，然后用 10ml 注射器套上 200μl 的 tip 头吸取一些水从进样的一端轻轻将胶条打出。将要测定的胶条按每段 1cm 分成若干段后，按顺序装入盛有脱气的双蒸水的小瓶中，放 4℃ 冰箱过夜，次日用 pH 计分别测定各段的 pH 值。对要进行第二向电泳 SDS-PAGE 电泳的胶条则必须放入平衡液（60mmol/L Tris-Cl pH6.8，2% SDS，5% 2-巯基乙醇，10% 甘油，0.05% 溴酚蓝）中平衡 10～30min（平衡后的胶条酸端染成淡绿色而碱端染成深蓝色）。暂不进行第二向电泳的胶条可放入 －20℃ 保存数日。

4. 第二向 SDS-PAGE 电泳

选用 DDY-Ⅲ28D 型（北京六一仪器厂生产）电泳槽（规格为 200mm×130mm×1mm，双板），分离胶浓度 13%，浓缩胶浓度 5%，分离胶长 160mm，浓缩胶长 40mm（灌至玻璃板上

沿），灌好浓缩胶后在一端插入单孔梳，以便加入蛋白质分子量标准品。待胶聚合后，将第一向平衡好的胶条平放于浓缩胶顶部（避免胶条拉伸）并用1%琼脂糖（用电极缓冲液配制）封胶。此时应注意避免胶条与浓缩胶上沿之间产生气泡（可先用尖头滴管将加热到70℃的琼脂糖在浓缩胶上沿薄薄地涂上一层，立即将平衡好的胶条平放于其上，再用注射器针头挑动胶条使其结合完好）。待琼脂糖凝固后拔出单孔梳，加入适量用变性胶处理过的marker，加满电极缓冲液，在冰箱中4℃电泳，恒压200V，至溴酚蓝达胶底部为止（约5h）。

5. 染色与脱色

电泳结束后，剥下胶板，放入染色液（0.05%考马斯亮蓝R-250，50%甲醇，10%甲酸40%水）中置室温2h，换脱色液（慢脱色液：7%乙酸；快脱色液：30%乙醇，10%乙酸），脱色至背景清晰。温度升高，染色或脱色速度相对加快。脱色好后的胶最好立即照相，也可放入7%乙酸于4℃冰箱保存以随时照相。

【结果举例】

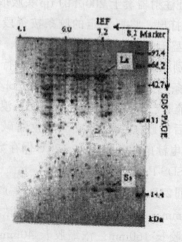

【注意事项】

样品预处理是双向电泳的关键。等电聚焦电泳的样品中必须去除盐离子、色素、酚类和核酸等物质，还要加入防止蛋白质水解的抑制剂，所以根据不同样品需要查阅有关资料进行样品预处理。聚焦的好坏与两性电解质的质量也有关系。

实验八　丹磺酰化法分析蛋白质 N-末端氨基酸

【目的和要求】

1. 了解丹磺酰化法分析蛋白质 N-末端氨基酸的基本原理。
2. 掌握蛋白质的水解和聚酰胺薄膜层析的操作方法。

【实验原理】

蛋白质的 α-氨基与丹磺酰氯（DNS-Cl 是一种荧光物质）反应，生成 DNS-蛋白质，经水解可生成 DNS-氨基酸。通过聚酰胺薄膜层析分析 DNS-氨基酸，可确定蛋白质的 N-末端氨基酸。此法灵敏度高，也可用于蛋白质的氨基酸组成的测定。

聚酰胺对极性物质的吸附作用是：它能和被吸附物质间形成氢键，这种氢键的强弱决定了被分离物与聚酰胺薄膜之间吸附能力的大小。层析时展层剂与被分离物在聚酰胺膜表面竞争形成氢键。因此选择适当的展层剂使分离物在聚酰胺表面发生吸附、解吸附、再吸附和再解吸附的连续过程，就能导致分离物达到分离的目的。

【实验器材和试剂】

1. 层析纯标准氨基酸。

2. DNS-Cl 丙酮溶液：称取丹磺酰氯 250mg 溶于 100ml 丙酮之中，储存于棕色瓶，置冰箱保存，一个月内稳定。

3. 6mol/L 盐酸，1mol/L 盐酸。

4. 0.2mol/L 碳酸氢钠。

5. 展层溶液 a：1.5% 甲酸，甲酸（88%）：水 = 1.5:100 (V/V)。

6. 展层溶液 b：苯:冰醋酸 = 9:1 (V/V)。

7. 展层溶液 c：乙酸乙酯：甲醇：冰乙酸 = 20:1:1 (V/V/V)。

8. 展层溶液 d：0.05mol/L 磷酸三钠溶液:乙醇 = 3:1(V/V)。

9. 三乙胺：重蒸后使用。

10. 乙酸乙酯。

11. 真空干燥器。

12. 水解管：耐高温玻璃制成。

13. 烘箱。

14. 紫外分析灯。

15. 有塞磨口玻璃试管：5ml 容积。

16. 蛋白质样品：胰岛素 B 链或其他蛋白质。

17. 聚酰胺薄膜。

【实验方法】

1. 标准氨基酸的丹磺酰化

分别称取 2.3μmol 层析纯的氨基酸，溶于 0.5ml 0.2mol/L 碳酸氢钠溶液中。取 0.1ml 于有塞玻璃试管中，加入 0.1ml DNS-Cl 丙酮溶液，检查 pH，必要时用三乙胺调 pH9.0~9.5，于室温（25℃左右）下放置 2~4h。再用无离子水稀释 10 倍，贮存于暗处。经层析，得 DNS-氨基酸的标准图谱。

2. 蛋白质 N-末端氨基酸的 DNS 化

取 0.5mg 蛋白质样品,置于有塞玻璃管中。用少量水溶解后,加入 0.5ml 0.2mol/L 碳酸氢钠溶液。再加入 0.5ml DNS-Cl 丙酮溶液,用三乙胺调至 pH9.0~9.5,塞好塞子,于 40℃ 烘箱中反应 2h,或室温(25℃ 左右)放置 2~4h,生成 DNS-蛋白质。

3. DNS-蛋白质的水解

DNS 化反应结束后,真空蒸去丙酮,加入 0.5ml 6mol/L 盐酸溶解 DNS-蛋白质。全部移入水解管,抽真空封管,于 111℃ 烘箱中水解 18~24h。开管后蒸去盐酸,加少量水,再蒸干。重复 2~3 次以除尽盐酸。

4. DNS-氨基酸的抽提

将上述水解产物,加 0.5ml 水,用 1mol/L 盐酸调至 pH2~3。加入 0.5ml 乙酸乙酯抽提,分层可在细长滴管中进行。重复抽提 2~3 次,将上层抽提液合并于小试管中,抽去乙酸乙酯,置于干燥器中备用。

5. DNS-氨基酸的层析与检测

生成的 DNS-氨基酸和标准 DNS-氨基酸分别进行聚酰胺薄膜层析。

(1) 聚酰胺薄膜的准备

将聚酰胺薄膜剪成 7cm×7cm 的方块,在距边 0.5cm 处画互为垂直的两条基线,交叉点为原点。若只做单相层析,则只画一条基线,在基线上每隔 1cm 画一点样点。

(2) 点样

用毛细管取样,点在点样位置上,点样直径应小于 2mm。若多次点样,则点一次,吹干一次。

(3) 展开

将点好样的聚酰胺薄膜卷成圆筒形,样品则在筒内,箍以线圈固定。放在小层析槽内(可在小干燥器内置一培养皿代替),槽内(培养皿)放入 5~10ml 展开溶剂 Ⅰ,进行展开,以溶剂前沿到达距顶端 0.5cm 左右为止（约 20min）。取出膜片，吹干。进行双向层析时，在第一向层析完毕，完全吹干（有时需晾过夜，才能充分吹干），将聚酰胺薄膜片转 90°，用展开溶剂Ⅱ展开。为了区分 DNS-苏氨酸或者区分 DNS-天门冬氨酸与 DNS-谷氨酸，可在溶剂Ⅱ展开后，吹干，接着用溶剂Ⅲ沿同一个方向展开，只需展开至一半高度即可。为了区别 ε-DNS-赖氨酸、α-DNS-组氨酸与 DNS-精氨酸，应在溶剂Ⅱ中展开后，吹干，接着在溶剂Ⅳ中沿同一个方向展开。

（4）DNS-氨基酸的检测

展开结束后，取出薄膜，用电吹风机吹干，在 360nm 或 280nm 的紫外灯下检测。DNS-氨基酸呈黄色荧光。此外还有其他颜色的杂点，如 DNS-OH 显绿色荧光等。用样品的层析谱与标准 DNS-氨基酸层析谱相比较，可鉴别样品 DNS-氨基酸的种类。

【思考】
1. 薄膜层析与其他层析法比较有哪些优点？
2. 选用展层剂的依据是什么？

实验九　动物基因组 DNA 的分离纯化

【目的和要求】

掌握盐溶法大量制备动物基因组 DNA 的基本原理和方法。

【实验原理】

根据核糖核蛋白与脱氧核糖核蛋白在一定浓度的氯化钠溶液中的溶解度不同进行分离，然后用蛋白质变性沉淀剂去除蛋白，使核酸释放出来，再利用核酸不溶于乙醇的性质将核酸析出，达到分离提纯的目的。

在 0.14mol/L 的氯化钠溶液中，RNA 核蛋白（RNP）溶解度大，而 DNA 核蛋白（DNP）溶解度较小；相反，在 1mol/L 的氯化钠溶液中，DNP 溶解度最大，而 RNP 溶解度却很小，从而使 DNA、RNA 核蛋白分开。核蛋白分离后可用蛋白变性沉淀剂（氯仿+异戊醇、十二烷基硫酸钠、热酚等）去除蛋白质，释放核酸，核酸便从溶液中析出。

动物肝中含有核糖核酸酶（RNase）和脱氧核糖核酸酶（DNase），因此要保持低温，要防止 Mg^{2+}，Fe^{2+} 及 Co^{2+} 等激活离子。

【实验器材和试剂】

1. 试剂：

（1）SC 缓冲液：2.94g 柠檬酸钠和 9.0g 氯化钠溶于 1L 蒸馏水，用盐酸调 pH 至 7.0。

（2）5% SDS 溶液。

（3）95% 乙醇、氯仿、异戊醇。

2. 器皿

冷冻离心机、组织捣碎机、烧杯、量筒、玻璃棒、三角烧瓶、离心管。

【实验方法】

新鲜猪肝 4g，用 SC 溶液洗去血液，低温剪碎后，加入 8ml 上述溶液，继续捣碎，将匀浆物于 4000r/min 离心 10min，上层是 RNP 提取液，下层是 DNP 及细胞碎片。将上层倾出（也可留下制备 RNA），下层再用 5ml SC 溶液重复抽提两次，以减少 RNP 对 DNP 抽提的影响。

下层沉淀移入三角烧瓶，加同上溶液 20ml，混匀，加 4ml 5% SDS 混匀，加 15ml 氯仿/异戊醇（20/1）混合液混匀，边摇边加固体氯化钠,使其终浓度达 1mol/L,充分振荡 30min。4000r/min 离心 20min,小心取出离心管,观察有三层,上层为水相(DNA 溶解在此),中间乳白色为蛋白质沉淀层,下层为氯仿层。用吸管小心吸取上层。同样方法去蛋白,至中间层无蛋白沉淀层为止。

量取上层水相体积后,在烧杯中加等体积冷乙醇(95%),边加边搅拌(沿一个方向),玻璃棒上有纤维状 DNA 缠绕,当 DNA 全部绕上后,挤干,再用无水乙醇洗一次,取出于干燥器干燥。称重,计算得率。

【思考】

根据核酸在细胞内的分布、存在方式及其特性,提取过程中采用了什么相应的措施?

附:RNA 的提取:0.14mol/L 的 NaCl 抽提液(内含 RNA 核蛋白),加入等体积的氯仿和 1/40 体积的异戊醇,置带塞烧瓶中振摇 30min,此时提取液为乳白色混悬液,以 3000r/min 离心 15min,离心物呈三层,用滴管吸出上层清液,在低温下加入 1.5~2 倍体积的冷 95% 乙醇,并轻轻搅拌。低温放置 15min,3000r/min 离心 10min,弃去上清液得 RNA 沉淀于低温保存或测定。RNA 在制备的过程中很容易被 RNA 酶降解,在制备和鉴定方法上一定要注意。

实验十 核酸的定量测定

【目的和要求】

了解和掌握紫外分光光度法、定磷法、定糖法测定核酸的基本原理和操作方法。

一、紫外分光光度法

【实验原理】

核酸、核苷酸及衍生物都具有共轭双键系统,能吸收紫外光,RNA、DNA 的紫外吸收高峰在 260nm 波长处。一般在 260nm 波长下,每 1ml 含 1μgRNA 的溶液光吸收值为 0.022,每 1ml 含 1μgDNA 的溶液光吸收值约为 0.020,故测定未知浓度 RNA 或 DNA 溶液在 260nm 的光吸收值即可计算出其中核酸的含量。此法操作简便、迅速。若样品内混有大量的核苷酸或蛋白质等能吸收紫外光的物质,则测定误差较大,故应该先除去。

【实验器材和试剂】

1. 5%-6% 氨水;
2. 钼酸铵-高氯酸试剂(沉淀剂):如配制 200ml,可在 193ml 蒸馏水中加入 7ml 高氯酸和 0.5g 钼酸铵;
3. 分析天平,离心机,容量瓶,紫外分光光度计,吸管,冰浴锅。

【实验方法】

1. 用分析天平准确称取待测的核酸样品 500mg,加入少量蒸馏水调成糊状,再加入少量的水稀释。然后用 5%～6% 氨水调至 pH7,定容到 50ml。

2. 取两支离心管,向第一只管内加入 2ml 样品液和 2ml 蒸馏水,向第二只管内加入 2ml 样品液和 2ml 沉淀剂(以除去大分子核酸)作为对照。混匀,在冰浴中放置 30min 后离心(3000 r/min),从第一、第二管中分别吸取 0.5ml 上清液,用蒸馏水定容到 50ml。用光程为 1cm 的石英比色杯于 260nm 波长处测其光吸收值（A1 和 A2）。

【结果处理】

DNA（RNA）% = [（A1 − A2）/0.020（或 0.022）]（μg/ml）×100/样品浓度（μg/ml）样品浓度 = 500mg/（50×4/2×50/0.5）ml = 50μg/ml。

二、定 糖 法

（一）地衣酚显色法测定 RNA 含量

【实验原理】

RNA 与浓盐酸共热时发生降解，产生的核糖又可转变为糖醛，在 $FeCl_3$ 或 $CuCl_2$ 催化下，糖醛与 3,5-二羟基甲苯(地衣酚、苔黑酚)反应形成绿色复合物，该产物在 670nm 处有最大吸收。当 RNA 浓度为 20~250μg/ml 时光密度与 RNA 浓度成正比。

【实验器材和试剂】

1. RNA 标准液：称取 10mgRNA，用少量水溶解（若不容可用 2mol/L NaOH 溶液调至 pH7.0），定容至 100ml，浓度为 100μg/ml。

2. 样品液：准确称取样品 RNA10mg，用蒸馏水溶解并定容至 200ml，每 1ml 溶液含 RNA 干品 50μg。

3. 地衣酚试剂：取 0.1g 地衣酚溶于 100ml 浓盐酸，再加入 0.1g $FeCl_3·6H_2O$。该溶液使用前新鲜配制。

4. 722 分光光度计；水浴 1 个；吸量管 5ml 3 支。

【实验方法】

1. RNA 标准曲线的制作：取试管 6 支，按下表所示添加试剂。

试　剂	管　号					
	0	1	2	3	4	5
RNA 标准溶液（ml）	0	0.1	0.2	0.3	0.4	0.5
蒸馏水（ml）	1.0	0.9	0.8	0.7	0.6	0.5
地衣酚试剂（ml）	3.0	3.0	3.0	3.0	3.0	3.0
OD_{660}						

加毕混匀，于沸水浴中加热 20min，取出置自来水中冷却，以零号管为对照，于 670nm 处测光密度值。以光密度为纵坐标，RNA 浓度为横坐标作图，绘制标准曲线。

2. 样品测定：取试管 3 支，两支为样品管，一支为空白管，在样品管中加入 1.0ml 样品液，空白管操作与标准曲线制作中零号管相同。样品管再加 3.0ml 地衣酚试剂，混匀，置沸水浴中加热 20min，取出冷却。以空白管调零点，于 670nm 处测光密度值，根据光密度值从标准曲线上查出相应的 RNA 含量。根据下式计算出样品中 RNA 的百分含量。

$$RNA\% = \frac{样品液中测得的 RNA 微克数}{样品液中样品的微克数} \times 100\%$$

（二）二苯胺法测定 DNA 含量

【实验原理】

DNA 分子中 2-脱氧核糖残基在酸性溶液中加热降解，产生 2-脱氧核糖并形成 ω-羟基-γ-酮基戊醛，后者与二苯胺试剂反应生成蓝色化合物，其反应为：

DNA (脱氧核糖残基) $\xrightarrow{H^+}$ ω-羟基-γ-酮基戊醛 $\xrightarrow{二苯胺}$ 蓝色化合物

蓝色化合物在 595nm 处有最大吸收峰，且 DNA 在 $40\sim400\mu g$ 范围内时，光密度与 DNA 浓度呈正比。在反应液中加入少量乙醛，可以提高反应灵敏度。

【实验器材和试剂】

1. DNA 标准溶液：准确称取小牛胸腺 DNA10mg，以 0.1mol/L NaOH 溶液溶解，转移至 50ml 容量瓶中，用 0.1mol/L NaOH 溶液稀释到刻度。浓度为 $200\mu g/ml$。

2. 样品液：准确称取动物肝 DNA 干燥制品 10mg，用 0.1mol/L NaOH 溶液溶解，转移到 100ml 容量瓶中，并稀释至刻度，便成为 $100\mu g/ml$ 浓度。

3. 二苯胺试剂：使用前称取 1g 结晶二苯胺，溶于 100ml 分析纯冰醋酸中，加 60% 过氯酸 10ml，混匀。临用前加入 1ml 1.6% 乙醛溶液。

4. 试管，吸量管，容量瓶，722 分光光度计。

【实验方法】

1. 标准曲线的绘制：取干燥试管 6 支，编号，按下表加入试剂。

试 剂	管 号					
	0	1	2	3	4	5
DAN 标准溶液（ml）	0.0	0.4	0.8	1.2	1.6	2.0
蒸馏水（ml）	2.0	1.6	1.2	0.8	0.4	0
二苯胺试剂（ml）	4.0	4.0	4.0	4.0	4.0	4.0
OD_{595}						

加完后混匀,于60℃恒温水浴中保温1h,冷却后于595nm处比色测定,以零号管调零点。以DNA浓度为横坐标,光密度为纵坐标,绘制标准曲线。

2. 样品测定:取试管3支,两支为样品管,一支为对照管。对照管操作与标准曲线零号管相同。向每支样品管加2.0ml样品液及4.0ml二苯胺试剂,60℃保温1h,冷却后于595nm处比色测定,以对照管调零点。根据测得的光密度值从标准曲线上查出相应光密度的DNA含量,按下式计算DNA百分含量。

$$DNA\% = \frac{样品中测得的DNA微克数}{样品中配置的样品微克数} \times 100\%$$

【思考】

1. 采取紫外测定法测定样品的核酸含量,有何优缺点?
2. 若要快速简便地区分出RNA和DNA,应采用什么颜色反应?为什么?

实验十一 DNA的T_m值测定

【目的和要求】

1. 准确理解DNA的T_m值的定义及测定T_m值的意义。
2. 掌握DNA的T_m值的测定方法。

【实验原理】

当DNA的稀盐溶液加热到80~100℃时,双螺旋结构即发生解体,两条链分开,形成无规线团。一系列物化性质也发生改变:260nm区紫外吸收值增高(增色效应),粘度降低,浮力密度降低等。DNA的变性的特点是爆发式的,变性作用发生在一个很窄的范围。通常把 DNA 的双螺旋结构失去一半时的温度称为该 DNA 的熔点或熔解温度（melting temperature），用 T_m 表示。DNA 的 T_m 值一般在 70~85℃ 之间。

DNA 的 T_m 值大小与下列因素有关：

1. DNA 的均一性。均一性越高的样品，熔解过程越是发生在一个很小的温度范围。

2. G-C 的含量。含量越高，T_m 越高，由 T_m 值可推算出 G-C 含量。其经验公式为：$(G-C)\% = (T_m - 69.3) \times 2.44$。

3. 介质中的离子强度。一般离子强度较低的介质中 DNA 的熔解度较低，熔解度的范围也较宽。

T_m 值的测定与变性条件的研究可为我们提供有关 DNA 核苷酸组成的信息，同时也有助于判断 DNA 的纯度与数量。

【实验器材和试剂】

1. DNA：直接购买或自己制备均可。用标准氯化钠-柠檬酸缓冲液配制成每毫升 20 微克，$A_{260} = 0.8$，若进行操作，使其 $A_{260} = 0.4$。

2. 标准氯化钠-柠檬酸缓冲液：0.15mol/LNaCl，0.015mol/L 柠檬酸钠，pH7.0。

3. 恒温循环装置，以乙二醇作介质（方法1），紫外分光光度计和石英杯。

4. 不同温度恒温槽，35℃、50℃、70℃、75℃、80℃、85℃、90℃、95℃、100℃（方法2）。

【实验方法】

1. 用循环恒温装置测 T_m

按操作规程打开紫外分光光度计预热 20min。设定循环恒温装置于 25℃，进行光吸收的初步测定。

若是自制 DNA，先于 25℃ 测其 A_{260}，用标准氯化钠-柠檬酸溶液稀释至 $A_{260}=0.4$。并注意使其终体积适合于比色杯（1ml 或 3ml）。

以标准氯化钠-柠檬酸溶液调整 260nm 下光吸收零点。

然后将装有待测的稀释 DNA 溶液的比色杯置于分光光度计的样品室中，平衡 3min 后测 A_{260}。

再将温度升高到 50℃，取出比色杯将其内壁的气泡赶出，测 A_{260}。

继续升温到 80℃，平衡 5min 后测 A_{260}。

按每次升高 2℃ 的方式升温，然后平衡温度（5min），记录 A_{260}。按此方式一直进行到 A_{260} 不再升高为止。

2. 用恒温水浴装置测 T_m

最少设定 6 个恒温水浴装置（50℃、80℃、85℃、90℃、95℃、100℃）。

按操作规定预热紫外分光光度计 20min。

DNA 溶液的浓度控制在 $A_{260}=0.4$。

取试管（最少 8 支），向其中各加入 3mlDNA 溶液，盖上帽子，温育 15min。其中一支试管放室温，两支试管放 100℃，其余温度水浴各一支，温育完后迅速冷却试管，室温和 100℃ 一支置于冰浴 10min，而另一支 100℃ 则缓慢冷却到室温。

测定各管 DNA 溶液的 A_{260}，而缓慢冷却的那支试管在室温下至少放置 1h 再测。

3. 结果处理

计算各温度下的 $A_{260(t)}/A_{260(25℃)}$，并以此比值对温度作图，连接各点成平滑曲线，估计出光吸收增加的中点，此即 T_m。计算 G-C% 含量。

【结果举例】

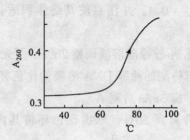

【思考】

1. 在增色效应中的增加百分比是多少？如何解释DNA样品的纯度？

2. 就步骤2来说，比较两支在100℃水浴保温的试管 $A_{260(t)}/A_{260(25℃)}$ 的差异。根据DNA分子结构解释二者为何不同？

3. 请预测并解释在以下各种情况下天然DNA的 T_m 值情况
 (1) pH12 缓冲液中的 T_m；
 (2) 纯蒸馏水中的 T_m；
 (3) 50%甲醇-水中的 T_m；
 (4) 含SDS的标准氯化钠-柠檬酸缓冲液中的 T_m。

实验十二　植物总RNA的提取

【目的和要求】

了解和掌握植物总RNA的分离和纯化方法。

【实验原理】

在液氮中研磨植物材料，使部分细胞破碎，进一步使植物细胞在裂解液中裂解，用醋酸钠和氯仿沉淀蛋白质，异丙醇沉淀核酸，溶解后经氯化锂沉淀总 RNA，洗涤后得到高质量的 RNA。

【实验器材和试剂】

试剂：

裂解液 1：7mol/L 尿素，50mmol/L Tris-HCl（pH8.0），10mmol/L Na_2EDTA（pH8.0），3.5mol/L NaCl，6.25% Tris 饱和酚（pH8.0），0.1%SDS+0.1%LDS（十二烷基肌氨酸钠）。

裂解液 2：7mol/L 尿素，50mmol/L Tris-HCl（pH8.0），10mmol/L Na_2EDTA（pH8.0），3.5mol/L NaCl，6.25% Tris 饱和酚（pH8.0），1%SDS+1%LDS。

3mol/L 醋酸钠(pH5.3)、氯仿-异戊醇(24:1)、异丙醇、0.1% SDS 的 TE 缓冲液、8mol/L LiCl、70%乙醇、10%SDS。

器材：

研钵、烧杯、离心机。

【实验方法】

取 5～10g 材料放入研钵中，加入过量液氮，迅速研磨成均匀的粉末（在研磨过程中，保证材料始终浸在液氮中，研磨约 30min）。

待液氮自然挥发干净后，将材料转入 100ml 的离心管中，加入 6～8 倍体积的裂解液 1，轻轻搅拌后，0℃ 冰浴 20min。12000r/min，4℃ 离心 15min。

取上清，加入 1/3 体积的 3mol/L 醋酸钠，1/5 的氯仿异戊醇，轻轻摇匀，0℃ 冰浴 20min。

2000r/min，4℃ 离心 15min（加 5 倍体积裂解液 2 溶解沉淀以提取 DNA）。

取上清，加入等体积冰浴冷却的异丙醇，混匀且冰浴 10min。

5000r/min，4℃ 离心 10min，将沉淀溶于 5ml 含有 0.1%

SDS 的 TE 缓冲液中,加入 8mol/L LiCl 使终浓度至 2.5mol/L,冰浴 3h 或 4℃过夜。

12000r/min,4℃离心 10min。

70%乙醇洗涤沉淀两次,空气干燥 10min,溶于无菌水(DEPC 焦碳酸二乙酯,处理),加入 1/10 体积 10%的 SDS,重复第 4~6 步骤,进一步除去蛋白质,70%乙醇 20℃长期保存。

实验十三　甲醛变性凝胶电泳鉴定 RNA

【目的和要求】

学会甲醛变性凝胶电泳鉴定 RNA 的方法。

【实验原理】

琼脂糖凝胶电泳作为鉴定大分子物质经常被使用,但含有 RNase 酶活性,因此要使 RNase 变性而不使 RNA 变性的,故采用甲醛变性凝胶电泳鉴定 RNA。

【实验器材和试剂】

5×甲醛凝胶电泳缓冲液:0.1mol/L MOPS(3-N-吗啉代-丙磺酸)(pH7.0),40mmol/L 乙酸钠,5mmol/L EDTA(pH8.0);

甲醛凝胶加样缓冲液:50%蔗糖,1mmol/L EDTA(pH8.0),0.25%溴酚蓝,0.25%二甲苯青 FF;

甲醛、电泳槽、电泳仪。

【实验方法】

1. 制备凝胶:琼脂糖浓度 1.2%,加入 5×甲醛凝胶电泳缓冲液和甲醛，使两者的终浓度分别为 1×甲醛凝胶电泳缓冲液和 2.2mol/L；

2. 取一定量的 RNA 样品，加入 5×甲醛凝胶电泳缓冲液 2.0μl，37%甲醛 3.5μl，去离子甲酰胺 10.0μl，稍微离心混匀后置 65℃水浴 15min，然后迅速置于冰浴中 5min；加入 2.0μl 加样缓冲液，稍微离心；

3. 上样前，凝胶在 1×甲醛凝胶电泳缓冲液预电泳 5min（电压 5V/cm）；

4. 将样品加到凝胶样品孔，以 4V/cm 电压进行电泳；每隔 30min 将阴阳电极液混匀，然后继续电泳；

5. 电泳结束后，将胶放入 0.5μg/ml 的 EB 溶液中，染色 30min；紫外观察。

实验十四　离子交换柱层析分离核苷酸

【目的和要求】

1. 了解并掌握 RNA 碱水解的原理和方法。
2. 掌握离子交换柱层析的分离原理和方法。
3. 熟练掌握紫外吸收分析方法。

【实验原理】

本实验以酵母 RNA 为材料，将 RNA 用碱水解成单核苷酸，再用离子交换柱层析进行分离，最后采用紫外吸收法进行鉴定。同时通过测定各单核苷酸的含量，可以计算出酵母 RNA 的碱基组成。

1. RNA 的碱水解

实验室制备单核苷酸一般用化学水解法（酸、碱水解）和酶解法。RNA用酸水解可得到嘧啶核苷酸和嘌呤碱基；用碱水解可得到2′-核苷酸和3′-核苷酸的混合物；用5′-磷酸二酯酶或3′-磷酸二酯酶水解则分别可得到5′-核苷酸或3′-核苷酸。

RNA用碱水解，经过2′，3′-环核苷酸中间物，而后水解生成2′-核苷酸和3′-核苷酸。

碱水解一般采用0.3mol/L的KOH，37℃保温18~20h就能水解完全（也可以用1mol/L KOH，80℃水解60min或0.1mol/L KOH 100℃水解20min）。水解毕，用2mol/L HClO$_4$中和并逐滴调节至pH=2左右，生成的KClO$_4$沉淀，离心去除之。上清液即为各单核苷酸的混合液。然后根据所选离子交换剂的类型，将上清液调至适当的pH值，作样品液备用。一般用阳离子交换剂，pH调至1.5左右，用阴离子交换剂，pH调至8~9（逐滴）。此处用KOH是为了便于除去钾离子以降低样品溶液中的离子强度。

2. 单核苷酸的离子交换柱层析分离

离子交换层析是根据各种物质带电状态（或极性）的差别来进行分离的。电荷不同的物质对离子交换剂有不同的亲和力，因此，要成功地分离某种混合物，必须根据其所含物质的解离性质，带电状态选择适当类型的离子交换剂，并控制吸附和洗脱条件（主要是洗脱液的离子强度和pH值），使混合物中各组分按亲和力大小顺序依次从层析柱中洗脱下来。

在离子交换层析中，分配系数或平衡常数（K_d）是一个重要的参数：

$$K_d = C_s / C_m$$

式中：C_s是某物质在固定相（交换剂）上的摩尔浓度，C_m是该物质在流动相中的摩尔浓度。可以看出，与交换剂的亲和力越大，C_s越大，K_d值也越大。各种物质K_d值差异的大小决定了分离的效果。差异越大，分离效果越好。影响K_d值的因素很多，如被分离物带电荷多少，空间结构因素，离子交换剂的非极性亲和力大小,温度高低等。实验中必须反复摸索条件,才能得到最佳分离效果。

核苷酸分子中各基团的解离常数(pK)和等电点 pI 值见下表。

四种核苷酸的解离常数(pK)和等电点 pI 值

核苷酸	第一磷酸 pKa_1	第二磷酸 pKa_2	含氮环的亚氨基 $(-NH+=)pKa_3$	等电点 pI 值*
尿苷 UMP	1.0	6.4		
鸟苷 GMP	0.7	6.1	2.4	1.55
腺苷 AMP	0.9	6.2	3.7	2.35
胞苷 CMP	0.8	6.3	4.5	2.65

*注:$pI = (pKa_1 + pKa_3)/2$

由此可见,含氮环亚氨基的解离常数(pK)值相差较大,它在离子交换分离四种核苷酸中将起决定作用。

用离子交换树脂分离核苷酸,可通过调节样品溶液的 pH 值使它们的可解离基团解离,带上正电荷或负电荷。同时减少样品溶液中除核苷酸外的其他离子的强度。这样,当样品液加入到层析柱时,核苷酸就可以与离子交换树脂相结合。洗脱时,通过改变 pH 值或增加洗脱液中竞争性离子的强度,使被吸附的核苷酸的相应电荷降低,与树脂的亲和力降低,结果使核苷酸得到分离。

混合核苷酸可以用阳离子或阴离子交换树脂进行分离。采用阳离子交换树脂时,控制样品液 pH 值在 1.5,此时 UMP 带负电,而 AMP、CMP、GMP 带正电,可被阳离子树脂吸附。然后逐渐升高 pH 值,将各核苷酸洗脱下来,次序是 UMP-GMP-CMP-AMP。AMP 与 CMP 洗脱位置的互换,是由于聚苯乙烯树脂母体对嘌呤碱基的非极性吸附力大于对嘧啶碱基的吸附力造成的。

本实验采用聚苯乙烯-二乙烯苯-三甲胺季铵碱型粉末阴离子树脂（201×8）分离四种核苷酸。首先使 RNA 碱水解液中的其他离子强度降至 0.02 以下，然后调 pH 值至 6 以上，使样品核苷酸都带上负电荷，它们都能与阴离子交换树脂结合。结合能力的强弱，与核苷酸的 pI 值有关，pI 越大，与阴离子交换树脂的结合力越弱，洗脱时越易交换下来。由上表可见，当用含竞争性离子的洗脱液进行洗脱时，洗脱下来的次序应该是 CMP、AMP、GMP 和 UMP。由于本实验所用的树脂的不溶性基质是非极性的，它与嘌呤碱基的非极性亲和力大于与嘧啶碱基的非极性亲和力。所以，实际洗脱下来的次序为：CMP、AMP、UMP 和 GMP。对于同一种核苷酸的不同异构体而言，它们之间的差别仅在于磷酸基位于核糖的不同位置上，$2'$-磷酸基较 $3'$-磷酸基距离碱基更近，因而它的负电性对碱基正电荷的电中和影响较大，其 pK 值也较大。例如 $2'$-胞苷酸的 $pK_1 = 4.4$，$3'$-胞苷酸的 $pK_1 = 4.3$，因此 $2'$-核苷酸更易被洗脱下来。

应注意的是，样品不易过浓，洗脱的流速不宜过快，洗脱液的 pH 值要严格控制。否则将使吸附不完全，洗脱峰平坦而使各核苷酸分离不清。

3. 核苷酸的鉴定

由于核苷酸中都含有嘌呤与嘧啶碱基，这些碱基都具有共轭双键（—C=C—C=C—），它能够强烈地吸收 250～280nm 波段的紫外光，而且有特征的紫外吸收比值。因此，通过测定各洗脱峰溶液在 220～300nm 波长范围内的紫外吸收值，作出紫外吸收光谱图，与标准吸收光谱进行比较，并根据其吸光度比值（250nm/260nm，280nm/260nm，290nm/260nm）以及最大吸收峰与标准值比较后，即可判断各组分为何种核苷酸。

根据各组分在其最大吸收波长（l_{max}）处总的吸光度（总

A_{max})以及相应的摩尔消光系数(E_{260}),可以计算出 RNA 中四种核苷酸的微摩尔数和碱基摩尔数百分组成。

溶液的 pH 值对核苷酸的紫外吸收光度值影响较大,故测定时需要调至一定的 pH 值。

单核苷酸紫外吸收光谱的比值

核苷酸 \ pH	250nm/260nm		280nm/260nm		290nm/260nm	
	2.0	7.0	2.0	7.0	2.0	7.0
5′-CMP	0.46	0.84	2.10	0.99	1.55	0.33
5′-AMP	0.85	0.80	0.22	0.15	0.038	0.009
5′-UMP	0.74	0.73	0.38	0.40	0.03	0.03
5′-GMP	1.22	1.15	0.68	0.68	0.40	0.28

【实验器材和试剂】

试剂:

1. 酵母 RNA。
2. 强碱型阴离子交换树脂 201×8。聚苯乙烯-二乙烯苯-三甲胺季铵碱型,全交换量大于 3m mol/g 干树脂,粉末型 100~200 目。
3. 1mol/L 甲酸:21.4ml 88% 甲酸定容至 500ml。
4. 1mol/L 甲酸钠:34.15g 纯甲酸钠(注意结晶水问题)用蒸馏水溶解,定容至 500ml。
5. 0.3 mol/L KOH:1.68g KOH 用蒸馏水溶解定容至 100ml。
6. 2 mol/L 过氯酸 $HClO_4$:17ml 过氯酸(70%~72%)定容至 100ml。
7. 2 mol/L NaOH (50ml),0.5mol/L NaOH (100ml)。
8. 1mol/L HCl (100ml)。
9. 1% $AgNO_3$ 溶液。

器材：

层析柱，梯度洗脱器，电磁搅拌器，恒流泵，自动部分收集器，酸度计，紫外分光光度计，旋涡混合器，核酸蛋白检测仪，台式离心机。

【实验方法】

1. RNA 的碱水解

称取 20mg 酵母 RNA，置于刻度离心试管中，加 2ml 新配制的 0.3 mol/L KOH，用细玻璃棒搅拌溶解，于 37℃ 水浴中保温水解 20h。然后用 2mol/L $HClO_4$（过氯酸）调水解液 pH 至 2 以下（要少量多次，只需几滴即可）。由于核苷酸在过酸的条件下易脱嘌呤，所以滴加 $HClO_4$ 时需用旋涡混合器迅速搅拌，防止局部过酸，再以 4000r/min 的转速离心 15min，置冰浴中 10min，以沉淀完全。将上清液倒入另一刻度试管中，用 2 mol/L NaOH 逐滴将上清液 pH 值调至 8～9，作上样样品液备用。样品液上柱前，取 0.1ml 稀释 500 倍，测定其在 260nm 波长处的光吸收值，用以最后计算离子交换柱层析的回收率。

2. 离子交换树脂的预处理

取 201×8 粉末型强碱型阴离子交换树脂 8 克（湿），先用蒸馏水浸泡 2h，浮选除去细小颗粒，同时用减压法除去树脂中存留的气泡，然后用四倍树脂量的 0.5mol/L NaOH 溶液浸泡 1h，除去树脂中的碱溶性杂质。用去离子水洗至近中性后，再用四倍量 1mol/L HCl 浸泡半小时，以除去树脂中酸溶性杂质。接着用蒸馏水洗至中性（可以上柱洗），此时阴离子交换树脂为氯型。

3. 离子交换层析柱的装柱方法

离子交换层析柱可使用内径约 1cm、长 10 cm 的层析柱，柱下端有烧结上的垂熔滤板，柱上端使用橡皮塞，塞子中间打一小孔。紧紧插入一根细聚乙烯管，层析柱夹在铁架台上，调成垂直，柱下端细胶管用螺旋夹夹紧，向柱内加入蒸馏水至 2/3 柱高，再用滴管将经过预处理的离子交换树脂加入柱内，使树脂自由沉降至柱底，放松螺旋夹，使蒸馏水缓慢流出，再继续加入树脂，使树脂最后沉降的高度约为6～7cm.。注意在装柱和以后使用层析柱的过程中，切勿干柱，树脂不能分层，树脂面以上要保持一定高度的液面（不能太高，约1cm），以防气泡进入树脂内部，影响分离效果。

4. 树脂的转型处理

树脂的转型处理就是使树脂带上洗脱时所需要的离子。本实验需要将阴离子交换树脂由氯型转变为甲酸型。先用200ml 1mol/L 甲酸钠洗柱，用1% AgNO3 检查柱流出液，直至不出现白色 AgCl 沉淀为止。然后改用约200ml 0.2mol/L 甲酸继续洗柱，测定流出液的 $A_{260} \leqslant 0.020$ 为止。最后用蒸馏水洗柱，直至流出液的 pH 值接近中性（或与蒸馏水的 pH 相同）。

5. 加入样品并淋洗除去不被树脂吸附的组分

加样就是将 RNA 碱水解产物转移到离子交换层析柱内，使其被离子交换树脂吸附。先将柱内液体用滴管轻轻吸去，使液面下降到刚接近树脂表面。旋紧下端螺旋夹，用滴管准确移取1.0ml RNA 碱水解样品液，沿柱壁小心加到树脂表面，然后松开下端螺旋夹，使样品液面下降至树脂表面，接着用滴管加入少量蒸馏水，当水面降至树脂表面时，再用约200ml 蒸馏水洗柱，将不被阴离子交换树脂吸附的嘌呤及嘧啶碱基、核苷等杂质洗下来。检查流出液在260nm 波长处的吸光度，直至低于0.020 为止。关恒流泵，旋紧柱下端螺旋夹。

6. 梯度洗脱

在梯度洗脱器的混合瓶内加入300ml 蒸馏水，贮液瓶中加入300ml 0.20mol/L 甲酸-0.20mol/L 甲酸钠混合液（注意：梯度洗脱器底部的连通管要事先充满蒸馏水，赶尽气泡）。洗脱器出口与恒流泵入口用细塑料管相连，打开两瓶之间的连通阀和出口阀，打开电磁搅拌器，松开柱下端螺旋夹，开启恒流泵，控制流速为 5ml／管／10 分，开启部分收集器，分管收集流出液。以蒸馏水为对照，测定各管在 260nm 波长下的 A_{260} 值，给各管编号，并标出最高峰的收集管。

7. 核苷酸的鉴定

分别测定最高峰管内液体在 230～300nm 之间，每相差 5nm 间隔的光吸收值。其中包括有 250nm、260nm、280nm，290nm 各点（注意：液体均要保留，切勿倒掉。测量时用石英杯）。由于在小于 250nm 时，甲酸（HCOOH）具有很强的光吸收值，因此测定时所用参比对照液近似为：

第一个峰用 0.05mol/L 甲酸-0.05mol/L 甲酸钠。

第二个峰用 0.10mol/L 甲酸-0.10mol/L 甲酸钠。

第三个峰用 0.15mol/L 甲酸-0.15mol/L 甲酸钠。

第四、五两峰用 0.20mol/L 甲酸或 0.20mol/L 甲酸钠。

也可以根据最高峰所在位置，计算甲酸、甲酸钠的浓度选择参比液。

8. 测定各种核苷酸的含量和总回收率

分别合并（包括最高峰管在内）各组分洗脱峰管内的洗脱液，用量筒测出溶液总体积，然后测定其 A_{260} 值，参比对照液同上。根据层析柱上样液的 A_{260} 值以及层析后所得到的各组分 A_{260} 值之和，可以计算出离子交换柱层析的回收率（注：RNA 的摩尔消光系数 E_{260} 为 $7.7\times 10^3 \sim 7.8\times 10^3$，水解后增值 40%）。

9. 树脂的再生

使用过的离子交换树脂经过再生处理后，可重复使用。可以在柱内处理，也可以将树脂取出后处理。取出树脂的方法是用橡皮球由层析柱的下端向柱内吹气，用烧杯收集流出的树脂。树脂再生的方法与未使用的新树脂预处理方法相同。也可以直接用 1mol/L NaCl 溶液浸泡或洗涤，最后用蒸馏水洗至流出液的 pH 值接近中性。

【结果处理】

1. 作出阴离子交换树脂柱层析分离核苷酸的洗脱曲线,以层析流出液管数(或体积)为横坐标,以相应的 A_{260} 值为纵坐标,作出洗脱曲线图。

2. 作出各单核苷酸的紫外吸收光谱图,根据各组分溶液在 230~300nm 波长范围内的吸光值,以波长(nm)为横坐标,吸光值为纵坐标,作出它们的吸收光谱图。由图上求出每个单核苷酸组分的最大吸收峰的波长值,同时,计算出各个组分在不同波长的吸光值比值(250/260,280/260,290/260),将它们与各核苷酸的标准值列表比较,从而鉴定出各组分为何种核苷酸。

3. 根据层析上样液的 A_{260} 值,以及层析后所得到的各组分 A_{260} 值之和,计算出离子交换柱层析的回收率。

第三部分 酶动力学测定实验

从广义上说,任何一种可以测定反应物变化速度的分析技术,不论是经典的比色法、容量法,还是现代的仪器分析技术都可用来测定酶活性,但从历史和发展来看,主要还是使用分光光度法和量气法。所谓量气法是在封闭的反应系统中,通过测量变化后的气体体积或压力计算出气体变化量,这是量气法的基本原理。但此法操作繁琐,技术要求高而且灵敏度低。在上个世纪建立了一些适用于常规工作的测酶活性的方法,即在酶和底物作用一段时间后停止酶反应,加入各种化学试剂与产物或基质反应呈色,用比色计在可见光处比色,同时将被测物质作标准管或标准曲线,比较后计算出在此段时间内产物生成量或底物消耗量,从而求得反应速率 v,这即是比色测酶活性。比色法从20世纪50年代起逐步被分光光度法所取代。这是因为分光光度法有以下几个显著优点:一是测定范围不只局限在可见光,还可扩展到紫外和红外部分。这就为扩大测定酶范围提供了可能性;二是提供了寻找一类不需停止酶反应就可直接测定产物生成量或底物消耗量方法的可能性;第三个优点是不需要如比色法那样,作标准管或标准曲线,因为分光光度计使用近似单色光的光源,在此条件下,某一特定物质的吸光度为常数,即人们所熟悉的摩尔吸光度 (molar absorbance)。根据此值从吸光度 $\triangle A/\triangle T$ 不难计算出酶催化反应速度 v。分光光度法的这些简便、准确等特点使它在近年来已逐步取代比色法而成为目前最流行的方法。其缺点是需要精确带恒温装置的分光光度计,在经济不发达地区尚难推广。

本部分实验使学生学习如何提取纯化、分析鉴定一种酶,并对这种酶的性质,尤其是动力学性质作初步的研究。酶的动力学性质分析,是酶学研究的重要方面。通过一系列实验,研究 pH、温度和不同的抑制剂对蔗糖酶活性的影响,测定蔗糖酶的最适 pH、最适温度,测定米氏常数 K_m、最大反应速度 V_{max} 和各种抑制剂常数 K_I,由此掌握酶动力学性质分析的一般实验方法。

实验一 酵母蔗糖酶的制备

【目的和要求】

本实验提取啤酒酵母中的蔗糖酶。

【实验原理】

蔗糖酶(invertase)(β-D-呋喃果糖苷果糖水解酶)(fructofuranoside fructohydrolase)(EC.3.2.1.26)特异地催化非还原糖中的 α-呋喃果糖苷键水解,具有相对专一性。不仅能催化蔗糖水解生成葡萄糖和果糖,也能催化棉子糖水解,生成密二糖和果糖。

啤酒酵母中含有大量的蔗糖酶,通过研磨破细胞壁,使酶游离出来,用水萃取酶,然后用有机溶剂沉淀酶蛋白得到粗制品,还可用柱层析进一步纯化得到精制品。

【实验器材和试剂】

1. 试剂

啤酒酵母、二氧化硅、去离子水(使用前冷至 4℃ 左右)、冰块、食盐、1mol/L 乙酸、95% 乙醇。

2. 仪器

研钵 1 个、离心管 3 个、滴管 3 个、50ml 量筒 1 个、恒温水浴锅 1 个、100ml 烧杯 2 个、广泛 pH 试纸、高速冷冻离心机。

【实验方法】

1. 提取

（1）准备一个冰浴，将研钵稳妥地放入冰浴中。

（2）称取 10g 湿啤酒酵母，和适量（约 5g）二氧化硅一起放入研钵中。二氧化硅要预先研细。

（3）缓慢加入预冷的 30ml 去离子水，每次加 2ml 左右，边加边研磨，至少用 30 分钟。至酵母细胞大部分研碎，以便将蔗糖酶充分转入水相。

（4）（可选项）研磨时用显微镜检查研磨的效果。

（5）将混合物转入两个离心管中，平衡后，用高速冷冻离心机离心，4℃，10 000r/min，离心 15min。

（6）用滴管小心地取出水相，转入另一个清洁的离心管中，4℃，10 000r/min，离心 15min。

（7）将上清液转入量筒，量出体积。用广泛 pH 试纸检查上清液 pH，用 1mol/L 乙酸将 pH 调至 5.0，称为"级分 I"。留出 1.5ml 测定酶活力及蛋白含量，剩余部分转入清洁离心管中。

2. 热处理和乙醇沉淀

（1）预先将恒温水浴调到 50℃，将盛有级分 I 的离心管稳妥地放入水浴中，50℃下保温 30 分钟，在保温过程中不断轻摇离心管。

（2）取出离心管，于冰浴中迅速冷却，4℃，10 000r/min，离心 10min。

（3）将上清液转入小烧杯中，放入冰盐浴（没有水的碎冰撒入少量食盐），缓慢地加入等体积预冷至 −20℃ 的 95% 乙醇，同时轻轻搅拌，再在冰盐浴中放置 10 分钟，以沉淀完全。于 4℃，10 000r/min，离心 10min，倾去上清液，并滴干，沉淀保存于离心管中，盖上盖子或薄膜封口，然后将其放入冰箱中冷冻保存（称为"级分Ⅱ"）。

废弃上清液之前，要用尿糖试纸检查其酶活性（与下一个实验一起做）。

【注意事项或思考】
1. 为什么酶的提取需要低温操作？
2. 热处理的根据是什么？

实验二　DEAE 纤维素柱层析纯化酶蛋白

【目的和要求】
柱层析进一步纯化蔗糖酶蛋白。

【实验原理】
利用 DEAE 纤维素树脂作为离子交换剂进行柱层析分级分离。

【实验器材和试剂】
1. 试剂

DEAE 纤维素：DE-23 1.5 克、0.5mol/L NaOH 100ml、0.5mol/L HCL 50ml、0.02 mol/L pH 7.3 Tris-HCl 缓冲液 250ml、0.02 mol/L pH7.3（含 0.2 mol/L 浓度 NaCl）的 Tris-HCl 缓冲液 50ml。

2. 仪器

层析柱、部分收集器、磁力搅拌器及搅拌子、50ml 小烧杯 2

个、玻璃砂漏斗、水泵与抽滤瓶、精密pH试纸或pH计、三通管、止水夹、吸耳球、塑料紫外比色杯、尿糖试纸、点滴板、电导率仪。

【实验方法】

1. 离子交换剂的处理

称取1.5克DEAE纤维素（DE-23）干粉，加入0.5mol/L NaOH溶液（约50ml），轻轻搅拌，浸泡至少0.5小时（不超过1小时），用玻璃砂漏斗抽滤，并用去离子水洗至近中性，抽干后，放入小烧杯中，加50ml 0.5 mol/L HCl，搅匀，浸泡0.5小时，用去离子水洗至近中性，再用0.5 mol/L NaOH重复处理一次，用去离子水洗至近中性后，抽干备用（因DEAE纤维素昂贵，用后务必回收）。实际操作时，通常纤维素是已浸泡过并回收的，按"碱→酸"的顺序洗即可，因为酸洗后较容易用水洗至中性。碱洗时因过滤困难，可以先浮选除去细颗粒，抽干后用0.5 mol/L NaOH-0.5 mol/L NaCl溶液处理，然后水洗至中性。

2. 装柱与平衡

先将层析柱垂直装好，在烧杯内用0.02 mol/L，pH7.3 Tris-HCl缓冲液洗纤维素几次，用滴管吸取烧杯底部大颗粒的纤维素装柱，然后用此缓冲液洗柱至流出液的电导率与缓冲液相同或接近时即可上样。

3. 上样与洗脱

上样前先准备好梯度洗脱液，本实验采用20ml, 0.02mol/L, pH7.3 Tris-HCl缓冲液和20ml含0.2mol/L浓度NaCl的0.02mol/L, pH7.3的Tris-HCl缓冲液，进行线性梯度洗脱。取两个相同直径的50ml小烧杯，一个装20ml含NaCl的高离子强度溶液，另一个装入20ml低离子强度溶液，放在磁力搅拌器上，在低离子强度溶液的烧杯内放入一个小搅拌子（在细塑料管内放入一小段铁丝，两端用酒精灯加热封口），将此烧杯置于搅拌器旋转磁铁的上方。将玻璃三通插入两个烧杯中，上端接一段乳胶管，夹上止水夹，用吸耳球小心地将溶液吸入三通（轻轻松一下止水夹），立即夹紧乳胶管，使两烧杯溶液形成连通，注意两个烧杯要放妥善，切勿使一杯高、一杯低。

用 5ml 0.02mol/L，pH7.3 的 Tris-HCl 缓冲液充分溶解醇级分Ⅱ（注意玻璃搅棒头必须烧圆，搅拌溶解时不可将离心管划伤），若溶液混浊，则用小试管，4 000r/min 离心除去不溶物。取 1.5ml 上清液（即醇级分Ⅱ样品，留待下一个实验测酶活力及蛋白含量），将剩余的 3.5ml 上清液小心地加到层析柱上，不要扰动柱床，注意要从上样开始使用部分收集器收集，每管2.5～3.0ml/10min。上样后用缓冲液洗两次，然后再用约 20ml 缓冲液洗去柱中未吸附的蛋白质，至 A_{280} 降到 0.1 以下，夹住层析柱出口，将恒流泵入口的细塑料导管放入不含 NaCl 的低离子强度溶液的小烧杯中，用胶布固定塑料管，接好层析柱，打开磁力搅拌器，放开层析柱出口，开始梯度洗脱，连续收集洗脱液，两个小烧杯中的洗脱液用尽后，为洗脱充分，也可将所配制的剩余 30ml 高离子强度洗脱液倒入小烧杯继续洗脱，控制流速2.5～3.0ml/10min。

测定每管洗脱液的 A_{280} 光吸收值。

4. 各管洗脱液酶活力的定性测定

在点滴板上每一孔内，加一滴 0.2mol/L，pH4.9 的乙酸缓冲液，一滴 0.5mol/L 蔗糖和一滴洗脱液，反应 5min，在每一孔内同时插入一小条尿糖试纸，10～20min 后观察试纸颜色的变化。用"+"号的数目，表示颜色的深浅，即各管酶活力的大小。合并活性最高的 2～3 管，量出总体积，并将其分成 10 份，分别倒入 10 个小试管，用保鲜膜封口，冰冻保存，使用时取出一管，此即"柱级分Ⅲ"。

注意：从上样开始收集，可能有两个活性峰，梯度洗脱开始前的第一个峰是未吸附物，本实验取用梯度洗脱开始后洗下来的活性峰。

在同一张图上画出所有管的酶活力、NaCl 浓度（可用电导率代替）和光吸收值 A_{280} 的曲线和洗脱梯度线。

实验三　各级分蔗糖酶活性测定及纯化率的计算

【目的和要求】

测定各级分的蛋白质含量及蔗糖酶活性。

【实验原理】

用测定生成还原糖（葡萄糖和果糖）的量来测定蔗糖水解的速度，本实验中，蔗糖酶的活力单位指在一定条件下反应 5min，每产生 1 毫克葡萄糖所需酶量。

用考马斯亮蓝法测定蛋白质含量，比活力为每毫克蛋白质的活力单位数。

【实验器材和试剂】

1. 试剂

0.2mol/L，pH4.9 乙酸缓冲液、葡萄糖 2mmol/L、蔗糖 0.2mol/L、二硝基水杨酸溶液。

2. 仪器

分光光度计、水浴锅、试管、保鲜膜。

【实验方法】

1. 各级分 I、II、III 蔗糖酶活性测定用 0.02mol/L, pH4.9 乙酸缓冲液（也可以用 pH5~6 的去离子水代替）稀释各级分酶液，测出酶活合适的稀释倍数：

Ⅰ：　　1 000~10 000 倍
Ⅱ：　　1 000~10 000 倍
Ⅲ：　　100~1 000 倍

以上稀释倍数仅供参考。

按"表 1"的顺序在试管中加入各试剂，进行测定，为简化操作可取消保鲜膜封口，沸水浴加热改为用 90~95℃水浴加热 8~10min。

表 1　　　　　级分Ⅰ、Ⅱ、Ⅲ的酶活力测定

各管名称→	对照	级分Ⅰ			级分Ⅱ			级分Ⅲ			葡萄糖		
管数→	1	2	3	4	5	6	7	8	9	10	11	12	13
酶液（ml）	0.0	0.05	0.20	0.50	0.05	0.20	0.50	0.05	0.20	0.50	/	/	/
H₂O（ml）	0.6	0.55	0.40	0.10	0.05	0.20	0.10	0.55	0.40	0.10	0.8	0.4	0.2
乙酸缓冲液 (0.2mol/L, pH 4.9)	0.2	0.2	0.2	0.2	0.2	0.2	0.2	0.2	0.2	0.2	/	/	/
葡萄糖 2mmol/L	/	/	/	/	/	/	/	/	/	/	0.2	0.6	0.8
蔗糖 0.2mol/L	0.2	0.2	0.2	0.2	0.2	0.2	0.2	0.2	0.2	0.2	/	/	/
	加入蔗糖，立即摇匀开始计时，室温准确反应 5min 后，立即加 1ml 0.1M NaOH 中止反应。													
二硝基水杨酸溶液	1.0 ml													
	用保鲜膜封口，扎眼，沸水浴加热 5min，立即用自来水冷却 3 分钟。													
H₂O	4.0 ml													
A_{520}													
稀释后酶活力											/		
原始酶活力	/										/		

以 5min 生成的还原糖的毫克数为纵坐标，以试管中 1ml 反应混合物中的酶浓度（mg 蛋白/ml）为横坐标，画出反应速度与酶浓度的关系曲线。

2．计算各级分的比活力、纯化倍数及回收率

蛋白质含量测定同蛋白质系列实验三。

为了测定和计算下面纯化表中的各项数据，对各个级分都必须取样，每取一次样，对于下一级分来说会损失一部分量，因而要对下一个级分的体积进行校正，以使回收率的计算不致受到不利的影响。

酶的纯化表如下：

级分	记录体积(ml)	校正体积(ml)	蛋白质(mg/ml)	总蛋白(mg)	Unit(s/ml)	总(Units)	比活(Units/mg)	纯化倍数	回收率(%)
Ⅰ								1.0	100
Ⅱ									
Ⅲ									

下面是对假定的各级分记录体积进行校正计算的方法和结果：

级分	记录体积(ml)	校正体积计算	取样体积(ml)	校正后体积(ml)
Ⅰ	15	15	1.5	15.00
Ⅱ	5	5×（15/13.5）	1.5	5.5
Ⅲ	6	6×（15/13.5）×（5/3.5）	1.5	9.5

实验四 底物浓度对催化反应速度的影响及米氏常数 K_m 和最大反应速度 V_{max} 的测定

【目的和要求】

本实验以蔗糖为底物,利用一定浓度的蔗糖酶水解不同浓度的蔗糖所形成的产物(葡萄糖和果糖)的量来计算蔗糖酶的 K_m 值。

【实验原理】

根据 Michaelis-Menten 方程:

$$V = \frac{V_{max}[S]}{K_m + [S]}$$

可以得到 Lineweaver-Burk 双倒数值线方程:

$$\frac{1}{V} = \frac{K_m}{V_{max}} \times \frac{1}{[S]} + \frac{1}{V_{max}}$$

在 $1/V$ 纵轴上的截距是 $1/V_{max}$,在 $1/[S]$ 横轴上的截距是 $-1/K_m$。

测定 K_m 和 V_{max},特别是测定 K_m,是酶学研究的基本内容之一,K_m 是酶的一个基本的特性常数,它包含着酶与底物结合和解离的性质,特别是同一种酶能够作用于几种不同的底物时,米氏常数 K_m 往往可以反映出酶与各种底物的亲和力强弱,K_m 值越大,说明酶与底物的亲和力越弱,反之,K_m 值越小,酶与底物的亲和力越强。

双倒数作图法应用最广泛,其优点是:① 可以精确地测定

K_m 和 V_{max}；② 根据是否偏离线性很容易看出反应是否违反 Michaelis-Menten 动力学；③ 可以较容易地分析各种抑制剂的影响。此作法的缺点是实验点不均匀，V 小时误差很大。

建议采用一种新的 Eisenthal 直线作图法，即将 Michaelis-Menten 方程改变为：

$$V_{max} = V + \frac{V}{[S]}K_m$$

作图时，在纵轴和横轴上截取每对实验值：$V_1 \sim [S]_1$；$V_2 \sim [S]_2$；$V_3 \sim [S]_3$；——连接诸二截点，得多条直线相交于一点，由此点即可得 K_m 和 V_{max}。

此作图法的优点是：① 不用作双倒数计算；② 很容易识别出那些不正确的测定结果。

还可以用 Hanes 方程进行作图，斜率是 $1/V_{max}$，截距分别是 $-K_m$ 和 K_m/V_{max}：

$$\frac{[S]}{V} = \frac{K_m}{V_{max}} + \frac{1}{V_{max}}[S]$$

【实验器材和试剂】

1. 试剂

0.2mol/L，pH4.9 乙酸缓冲液、葡萄糖 4mmol/L、果糖 4mmol/L、蔗糖 4mmol/L、二硝基水杨酸溶液。

2. 仪器

分光光度计、水浴锅、试管、保鲜膜。

【实验方法】

1. 本实验和下一个实验均采用二硝基水杨酸法测量反应产物还原糖，为了掌握该法测定的范围，可先作一条标准曲线。按下面的"表1"进行实验操作：

表 1　　　　二硝基水杨酸法测定葡萄糖的标准曲线

	1	2	3	4	5	6	7	8	9	10
葡萄糖(4mmol/L)	/	0.02	0.05	0.10	0.15	0.20	0.30	0.40	/	/
果糖(4mmol/L)	/	/	/	/	/	/	/	/	0.20	/
蔗糖(4mmol/L)	/	/	/	/	/	/	/	/	/	0.20
H_2O	1.0	0.98	0.95	0.90	0.85	0.80	0.70	0.60	0.80	0.80
二硝基水杨酸	1.0ml									
	盖薄膜,扎孔,沸水浴中煮 5min 后迅速冷却									
H_2O	4.0ml									
	充分混合									
每管中糖的 μmole 数										
A_{520}										

用第 1 管作空白对照,测定其余各管 520nm 的吸光度 A_{520}。用 A_{520} 值对还原糖的 μmole 数作图。

2．按下面的"表 2"测定不同底物浓度对催化速度的影响。

表 2　　底物浓度对酶催化反应速度的影响(K_m和 V_{max}测定表)

管数→	1	2	3	4	5	6	7	8	9	10	11	12
0.5mol/L 蔗糖	/	0.02	0.03	0.04	0.06	0.08	0.10	0.20	0.10	0.20	/	/
H_2O	0.6	0.58	0.57	0.56	0.54	0.52	0.50	0.40	0.50	0.40	1.0	0.8
乙酸缓冲液	0.2	0.2	0.2	0.2	0.2	0.2	0.2	0.2	0.2	0.2	/	/
0.1mol/L NaOH	/	/	/	/	/	/	/	/	/	/	1.0	1.0

续表

管数→	1	2	3	4	5	6	7	8	9	10	11	12
蔗糖酶	0.2	0.2	0.2	0.2	0.2	0.2	0.2	0.2	0.2	0.2	/	/
葡萄糖 4mmol/L	/	/	/	/	/	/	/	/	/	/	/	0.2
	由加酶开始准确计时,反应 5min											
二硝基水杨酸	1.0	1.0	1.0	1.0	1.0	1.0	1.0	1.0	/	/	1.0	1.0
	盖薄膜,扎孔,沸水浴中煮 5min 后速冷											
H_2O	3.0	3.0	3.0	3.0	3.0	3.0	3.0	3.0	3.0	3.0	3.0	3.0
	充分混合											
A_{520}												
校正值												
校正后 A_{520}												
[S]												
1/[S]												
V												
1/V												

为使 K_m 测准,必须先加蔗糖,精确移液,准确计时,每隔 30 秒钟 或 1 分钟加酶一次,加酶后要摇动一下试管,每支试管都要保证准确反应 5min,然后加 1.0ml 二硝基水杨酸试剂,立即用保鲜膜盖住管口,绕上橡皮筋,用针刺一小孔,几根试管用一根橡皮筋套住放入沸水浴,煮 5min 后取出放入冷水中速冷。最后加 3.0ml H_2O,充分摇匀,必要时可用一小块保鲜膜盖住管口,反复倒转试管,混匀。用比色杯测定时,空白对照管溶液必

须充分摇匀,彻底除去气泡,测 A_{520} 值时要检查参比杯内壁上是否有气泡,若有,须倒回原试管,再摇动除去残余气泡。

实验中不允许用嘴吸试剂。实验完毕后要注意洗手。

3. 第9、10二管先加中止反应的 NaOH 溶液,后加酶,以保证加酶后不再产生任何还原糖,用以校正蔗糖试剂本身的水解和酸水解。用第9、第10二管的数据画一直线,求出其他各管的校正数据,对所测各管的 A_{520} 值进行校正,然后计算每管的 $[S]$,$1/[S]$,V 和 $1/V$。

4. 画出反应速度 V 与底物浓度 $[S]$ 的关系图(米氏曲线)和 $1/V$-$1/[S]$ 双倒数关系图(不要直接用 A_{520} 值作图),计算 K_m 和 V_{max},并与文献值进行比较。

实验结果记录时,要将 $[S]$ 和 V 的单位表示清楚,并列出反应速度的计算公式。

【注意事项或思考】

表2中酶的稀释倍数需仔细试测,使第2管的 A_{520} 值达到 0.2~0.3,以便能同时适用于下面的脲抑制实验。

实验五 反应时间对产物形成的影响

【目的和要求】

本实验是以蔗糖为底物,测定蔗糖酶与底物反应的时间进程曲线,即在酶反应的最适条件下,每间隔一定的时间测定产物的生成量,然后以酶反应时间为横坐标,产物生成量为纵坐标,画出酶反应的时间进程曲线。

【实验原理】

酶反应的时间进程曲线的起始部分在某一段时间范围内呈直线，其斜率代表酶反应的初速度。随着反应时间的延长，曲线斜率不断减小，说明反应速度逐渐降低，这可能是因为底物浓度降低和产物浓度增高而使逆反应加强等原因所致，因此测定准确的酶活力，必须在进程曲线的初速度时间范围内进行，测定这一曲线和初速度的时间范围，是酶动力学性质分析中的组成部分和实验基础。

【实验器材和试剂】

1. 试剂

0.2mol/L，pH4.9 乙酸缓冲液、葡萄糖 2mmol/L、蔗糖 0.2mol/L、二硝基水杨酸溶液。

2. 仪器

分光光度计、水浴锅、试管、保鲜膜。

【实验方法】

1. 准备12支试管，按表2进行测定。用反应时间为0的第一管作空白对照，此试管要先加 0.1mol/L NaOH 后加酶。第10支试管是校正蔗糖的酸水解。用第11管作为对照，测定第12管葡萄糖标准的光吸收值，用以计算第2~9各测定管所生成还原糖的 μmole 数。

2. 表2中底物蔗糖的量为每管 0.25 μmol 全部反应后可产生 0.5μmol 的还原糖，所有的蔗糖和酶浓度应使底物在20min内基本反应完。

3. 画出生成的还原糖的 μmol 数（即产物浓度 μmol/ml）与反应时间的关系曲线，即反应的时间进程曲线，求出反应的初速度。

表 2　　　　　反应时间对产物浓度的影响

管数→	1	2	3	4	5	6	7	8	9	10	11	12
2.5mmol/L 蔗糖	0.1	0.1	0.1	0.1	0.1	0.1	0.1	0.1	0.1	0.1	/	/
乙酸缓冲液	0.2	0.2	0.2	0.2	0.2	0.2	0.2	0.2	0.2	0.2	/	/
H_2O	0.4	0.4	0.4	0.4	0.4	0.4	0.4	0.4	0.4	0.7	1.0	0.8
葡萄糖 2mmol/L	/	/	/	/	/	/	/	/	/	/	/	0.2
0.1mol/L NaOH	1.0	/	/	/	/	/	/	/	/	/	/	/
由加酶开始计时													
蔗糖酶(约1:5)	0.3	0.3	0.3	0.3	0.3	0.3	0.3	0.3	0.3	/	/	/
反应时间 min	0	1	3	4	8	12	20	30	40			
反应到时后立即向 2~12 管加入 1ml 0.1mol/L NaOH 中止反应													
二硝基水杨酸	1.0	1.0	1.0	1.0	1.0	1.0	1.0	1.0	1.0	1.0	1.0	1.0
盖薄膜，扎孔，沸水浴上煮 8min 后速冷													
H_2O	5.0	5.0	5.0	5.0	5.0	5.0	5.0	5.0	5.0	5.0	5.0	5.0
测定 A_{520}													
生成还原糖的 μmol 数													

实验六　pH 值、温度、抑制剂对蔗糖酶活性的影响

【目的和要求】

自行设计实验方案，以测定 pH 值、温度、抑制剂对蔗糖酶活性的影响。

【实验原理】

酶的生物学特性之一是它对酸碱度的敏感性，这表现在酶的活性和稳定性易受环境 pH 的影响。pH 对酶的活性的影响极为显著，通常各种酶只在一定的 pH 范围内才表现出活性，同一种酶在不同的 pH 值下所表现的活性不同，其表现活性最高时的 pH 值称为酶的最适 pH。各种酶在特定条件下都有它各自的最适 pH。在进行酶学研究时一般都要制作一条 pH 与酶活性的关系曲线，即保持其他条件恒定，在不同 pH 条件下测定酶促反应速度，以 pH 值为横坐标，反应速度为纵坐标作图。由此曲线，不仅可以了解反应速度随 pH 值变化的情况，而且可以求得酶的最适 PH。

对温度的敏感性是酶的又一个重要特性。温度对酶的作用具有双重影响，一方面温度升高会加速酶反应速度；另一方面又会加速酶蛋白的变性速度，因此，在较低的温度范围内，酶反应速度随温度升高而增大，但是超过一定温度后，反应速度反而下降。酶反应速度达到最大时的温度称为酶反应的最适温度。如果保持其他反应条件恒定，在一系列不同的温度下测定酶活力，即可得到温度－酶活性曲线，并得到酶反应的最适温度。最适温度不是一个恒定的数值，它与反应条件有关。例如反应时间延长，最适温度将降低。大多数酶在 60℃ 以上变性失活，个别的酶可以耐 100℃ 左右的高温。

抑制剂与酶的活性部位结合，改变了酶活性部位的结构或性质，引起酶活力下降。根据抑制剂与酶结合的特点分为可逆与不可逆抑制剂。可逆抑制剂与酶是通过共价键结合，不能用透析等物理方法解除。这二种抑制剂类型可以通过实验进行判断。实验方法为：在固定抑制剂浓度的情况下，用一系列不同浓度的酶与抑制剂结合，并测定反应速度。以反应速度对酶浓度作图，根据曲线的特征即可判断之。

【实验器材和试剂】

0.2mol/L 的磷酸氢二钠、磷酸二氢钠、柠檬酸、乙酸钠、乙酸和 8mol/L 脲，其他同实验五。

【实验方法】

自行设计。

【方案举例】

实验方法1：

1. 按下表配制 12 种缓冲溶液（公用）

将两种缓冲试剂混合后总体积均为 10ml，其溶液 pH 值以酸度计测量值为准。

2. 准备二组各 12 支试管，第一组 12 支试管每支都加入 0.2ml 下表中相应的缓冲液，然后加入一定量的蔗糖酶（此时的蔗糖酶只能用 H_2O 稀释，酶的稀释倍数和加入量要选择适当，以便在当时的实验条件下能得到 0.6～1.0 的光吸收值（A_{650}））。另一组 12 支试管也是每支都加入 0.2ml 下表中相应的缓冲液，但不再加酶而加入等量的去离子水，分别作为测定时的空白对照管。所有的试管都用水补足到 0.8ml。

3. 所有的试管按一定时间间隔加入 0.2ml 蔗糖(0.2 mol/L) 开始反应，反应 5min 后分别加入 1.0ml 0.2mol/L NaOH 终止反应，接着加入 1ml 二硝基水杨酸试剂，用保鲜膜包住试管口并刺一小孔，在沸水浴中煮 5min，取出速冷，然后加入 5.0ml 水，摇匀测定 A_{520}。

4. 本实验再准备二支试管，一支用水作空白对照；另一支作葡萄糖标准管。

5. 画出不同 pH 下蔗糖酶活性（$\mu mol/min$）与 pH 的关系曲线，注意画出 pH 值相同，而离子不同的两点，观察不同离子对酶活性的影响。

溶液 pH	缓冲试剂	体积 (ml)	缓冲试剂	体积 (ml)
2.5	0.2mol/L 磷酸氢二钠	2.00	0.2mol/L 柠檬酸	8.00
3.0	0.2mol/L 磷酸氢二钠	3.65	0.2mol/L 柠檬酸	6.35
3.5	0.2mol/L 磷酸氢二钠	4.85	0.2mol/L 柠檬酸	5.15
3.5	0.2mol/L 乙酸钠	0.60	0.2mol/L 乙酸	9.40
4.0	0.2mol/L 乙酸钠	1.80	0.2mol/L 乙酸	8.20
4.5	0.2mol/L 乙酸钠	4.30	0.2mol/L 乙酸	5.70
5.0	0.2mol/L 乙酸钠	7.00	0.2mol/L 乙酸	3.00
5.5	0.2mol/L 乙酸钠	8.80	0.2mol/L 乙酸	1.20
6.0	0.2mol/L 乙酸钠	9.50	0.2mol/L 乙酸	0.50
6.0	0.2mol/L 磷酸氢二钠	1.23	0.2mol/L 磷酸二氢钠	8.77
6.5	0.2mol/L 磷酸氢二钠	3.15	0.2mol/L 磷酸二氢钠	6.85
7.0	0.2mol/L 磷酸氢二钠	6.10	0.2mol/L 磷酸二氢钠	3.90

实验方法2：

本实验要测定0~100℃之间不同温度下蔗糖酶催化和酸催化的反应速度。包括冰水浴的0℃、室温（约20℃）、沸水浴的100℃和不同的水浴温度：10℃、30℃、40℃、50℃、55℃、60℃、65℃、70℃、75℃、80℃、85℃、90℃、95℃。

每个温度准备2支试管，一支加酶，测酶催化，1支不加，以乙酸缓冲液作为酸，测酸催化。

1. 确定酶的稀释倍数，试管中加入 0.2ml 0.2mol/L, pH4.9 的乙酸缓冲液，0.2ml 稀释的酶，加水至0.8ml，加入0.2ml 0.2mol/L 的蔗糖开始计时，在室温下反应5min。分别加入1.0ml 0.2mol/L NaOH终止反应，接着加入1ml 二硝基水杨酸试剂，用保鲜膜包住试管口并刺一小孔，在沸水浴中煮5min，取出速冷，然后加入 5.0ml 水，摇匀测定 A_{520}。

2．测定上列各个温度下的反应速度，每次用 2 支试管，均加入 0.2ml 乙酸缓冲液，一支加 0.2ml 酶，另一支不加酶，均用水调至 0.8ml，放入水浴温度下使反应物平衡 30s，加入 0.2mol/L 蔗糖 0.2ml，准确反应 10min，立即加入 1.0ml 0.2mol/L NaOH 终止反应，按规定进行操作，测定各管 A_{520} 值，记录每个水浴的准确温度。

3．酶催化的各管 A_{520} 值均进行酸催化的校正。分别画出酶催化和酸催化的反应速度对温度的关系曲线和 lnk-1/T 的关系曲线，用二条 lnk-1/T 关系曲线的线性部分计算两种活化能。

实验方法 3：

1．判断可逆与不可逆抑制的实验可选做。

2．不含抑制剂（脲）的实验，可用实验（七）的数据，但必须用同一稀释倍数的酶，也可以重做，注意酶浓度要大些。

3．含脲抑制剂的实验可参照表 2 设计实验方案。共做三种抑制剂浓度［I］的实验，即分别为加 4mol/L 的脲 0.10ml、0.20ml 和 0.30ml（注意：此时要分别少加 H_2O 0.1ml、0.2ml 和 0.3ml），仍为 12 支试管，每支试管都要加脲，第 9、第 10 两管仍为校正酸水解。第 11、第 12 标准管也要加脲，以消除脲对显色的影响。

4．画出反应速度与底物浓度的关系图，和 I/V-I/［S］关系图，计算 K_m、V_{max}、K_I 和相应的表观值，讨论脲对蔗糖酶活性的影响。

第四部分 免疫化学检测实验

免疫化学检测技术包括免疫沉淀:环状沉淀、絮状沉淀、凝胶(琼脂)内沉淀(单双扩);免疫电泳:凝胶、琼脂糖;放射免疫;酶免疫;发光免疫-生物发光、化学发光(直接发光、酶促发光)、电化学发光;传感器;免疫芯片;免疫流式术;免疫比浊测定等。随着仪器设备技术的改进,免疫检测技术也日新月异。同学们可以通过网络了解其研究的动态。在本部分我们将目前最常用的免疫检测技术向同学们介绍,即免疫血清的制备、双向免疫扩散、单向定量免疫电泳(火箭电泳)、双向定量免疫电泳(交叉免疫电泳)、微量免疫电泳、酶联免疫吸附测定以及免疫印迹等。

要求同学们了解和掌握免疫扩散、电泳技术和酶联免疫测定及免疫印迹实验的基本原理和方法。

实验一 免疫血清的制备

【目的和要求】

制备抗特定抗原的动物血清。

【实验原理】

免疫是机体识别"自身"与"非己"抗原,对自身抗原形成天然免疫耐受,对"非己"抗原产生排斥作用的一种生理功能。

正常情况下,这种生理功能对机体有益,可产生抗感染、抗肿瘤等维持机体生理平衡和稳定的免疫保护作用。在一定条件下,当免疫功能失调时,也会对机体产生有害的反应,如引发超敏反应、自身免疫病和肿瘤等。

【实验器材和试剂】

1. 实验动物:兔子(2 500~3 000 克)。
2. 抗原:小牛血清、佐剂(福氏完全佐剂)。
3. 手术器械:剪刀、手术刀、线、血管钳、塑料导管(ϕ2mm)、恒温箱、离心机及离心管、三角瓶(100ml)、酒精棉球、叠氮化钠(NaN_3)、pH 7.2 磷酸缓冲生理盐水(PBS)、乳化搅拌器、注射器及针头。

【实验方法】

制备高效价和高特异性的免疫血清是免疫化学实验的第一步,免疫血清也是免疫学实验必不可少的生物制剂。实验程序包括动物免疫注射,抗血清效价的测定,全部放血及血清的分离与保存四步。

1. 免疫兔子

免疫周次	不完全佐剂(ml)		抗原小牛血清(ml)	PBS(ml)	灭活结核杆菌	免疫用量(ml/只)	注射部位
	石蜡油	羊毛脂					
一	0.5	1.5	1.5	0.5	0.1~0.2mg/ml	2	四只脚掌
二	0.5	1.5	1	1		2	腋窝 腹股沟 脊背
三			1	1		2	腹腔
四			0.3	0.2		0.5	耳缘静脉

福氏完全佐剂常用的制备方法有研磨法和注射器法两种。研磨法方法如下：将经高压除菌的石蜡油 0.5ml 和羊毛脂 1.5ml 放入无菌的研钵内，再慢慢滴入小牛血清、PBS 及已灭活的结核杆菌，边滴边研磨，直至成为乳白色粘稠的油包水乳剂。检验方法是取一滴乳剂滴入水面（冷水），如不扩散，则完全佐剂已研磨成功。此配方为一只兔子的免疫用量，也可按比例多组联合研磨。注射器法：将两个注射器中间接上一根短的胶皮，注射器左右推拉，使注射器内的溶剂充分乳化，直至形成油包水乳剂。

2．免疫血清效价的测定

第四周时通过耳缘静脉采血 1ml，先将血液置室温 30min，离心（3 500r/min）10min，取出血清。用双向免疫扩散法测定抗血清的效价，以确定免疫效果。

3．颈动脉采血

将禁食 12h 或隔夜的兔子仰面固定于固定板上，头部放低，暴露出颈部，剪开颈中部皮肤，约 10cm 长。沿气管分离皮下组织，直至暴露气管前的胸锁乳突肌。仔细分开胸锁乳突肌（注意勿剪断小血管），在肌束下面靠近气管两侧，可以看到搏动的颈动脉。取二把血管钳在血管的远心端（近头部）夹紧，一把夹住近心端的血管（在近心端用线扎好与血管相连的神经，然后用剪子在二把血管钳中间的血管上剪一小口并插入塑料放血管（用线固定），轻轻放开近心端的止血钳，使血很快射入三角瓶中。直至血流缓慢时（也可用同法在另一侧动脉内插管放血）将固定板后肢端抬高，增加放血量。

将三角瓶盖好，放置室温一小时，再放 4℃ 过夜，待血块收缩后分离血清（离心 3 500r/min，10min）。

4．血清的保存

如要长时间存放，则 56℃ 灭活，在血清里添加 0.1% 叠氮化钠，将血清进行小量分装，放置低温冰箱内保存。

实验二 双向免疫扩散法测定抗血清效价

【目的和要求】

学习双向免疫扩散法测量血清效价。

【实验原理】

将抗原和相应抗体分别加入同一凝胶板中的相邻小孔中,使两者互相扩散,当扩散到它们的浓度达当量点时(浓度相当)形成沉淀线。如果抗原-抗体的浓度合适时,沉淀线在两孔的中间如下图。如抗体过量,沉淀线靠近抗原孔。如抗原过量,沉淀线靠近抗体孔。

用双扩散技术作定量测试时,应使用合适的沉淀条件。如抗原或抗体大大过量,由于溶解作用的改变和重新沉淀,可能产生沉淀迁移或多种沉淀物。为了研究合适的抗原和抗体浓度,将血清放在中间孔中,一系列稀释的抗原放在中间孔的周围,如下图。图中合适的抗原和抗体浓度比约为1:8或1:16。此技术可以测定抗血清的效价。

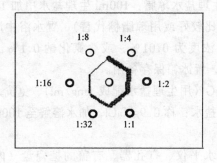

此外，根据沉淀融合的情况，还可以鉴定两种抗原是否完全相同。在琼脂中形成的沉淀线对相应的抗原和抗体是不可通过的，而对其他无关的抗原或抗体则可通过。故两种相同的抗原从两个孔扩散与第三个孔扩散出来的相应抗体相遇时，将以一定的角度形成融合沉淀线。同样，两种不同的抗原与各自相同的抗体相遇时，则形成两条交叉沉淀线。两种抗原部分相同的情况下，则形成部分交叉和部分融合的沉淀线（如下图）。

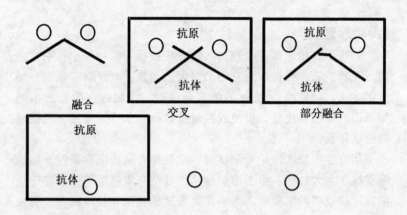

【实验器材和试剂】

1. 材料与试剂

（1）5%生理盐水琼脂：100ml 生理盐水中加 1.5g 优质琼脂粉（日本进口比较好或用琼脂糖代替），置水浴中溶化后，加入硫柳汞使其终浓度为 0.01%，或叠氮化钠 0.1%，分装于小试管，每管 3ml，置冰箱保存备用。

（2）人 IgG（用生理盐水配成 1mg/ml）、兔抗人 IgG。

（3）生理盐水：称 0.9gNaCl，加水溶解至 100ml。

2. 器皿

载玻片、水平仪、打孔器、有盖的搪瓷盘（内铺两层湿纱布)、酒精灯、牙签、微量加样器、恒温培养箱等。

【实验方法】

1. 将盛有 3ml 生理盐水琼脂的小试管置水浴中熔化。
2. 将熔化好的琼脂小心倒入已调好水平的载玻片上,每块厚度为 1mm。
3. 琼脂凝固后,按模板打孔,孔内的琼脂如未被吸出则可用牙签挑出,中心孔为加抗原的孔,四周的 6 个孔为加抗体的孔,孔径 3mm,孔距 4mm。打孔后将玻片于酒精灯上烤背面(温度不宜过高,以不烫手为宜),使琼脂与玻片粘紧。
4. 将兔抗人 IgG 按二倍稀释法稀释成 1:2,1:4,1:8,1:16,1:32 的不同浓度。
5. 从上到右到下到左的顺时针方向将不同稀释度的抗体定量加入周围五孔,第六孔加生理盐水作为对照(千万不要溢出或漏在琼脂胶上)。
6. 小心将板放入湿盒内,置 37℃ 温箱,经 24h 扩散,第二天观察。
7. 观察沉淀带的出现情况并画下来,在有沉淀出现的稀释抗原中,稀释倍数最大的一孔的抗原稀释倍数即为抗体效价。

【注意事项或思考】

1. 在双向琼脂扩散中,沉淀线有无可能出现在抗原抗体孔区域的外边?
2. 在此实验中,孔与孔之间的距离能不能随意更改?为什么要尽可能同时加入抗原抗体?扩散过程中为什么要保持潮湿环境?

实验三 微量免疫电泳

【目的和要求】

学习凝胶内分离蛋白质的电泳技术与利用抗原抗体的特异性反应的免疫扩散技术结合起来,分析鉴定抗原或者抗体的免疫化学方法。

【实验原理】

免疫电泳法(immunoelectrophoresis)是把蛋白质电泳分离技术(琼脂电泳)和免疫学检测技术(双向扩散)结合起来的检测方法。此法在微量的基础上具有分辨率高,灵敏度高,时间短等优点,是很理想的分离和鉴定蛋白质混合物的方法。用于抗原、抗体定性及纯度的测定。在临床诊断方面也有应用价值。

【实验器材和试剂】

1. 材料和试剂

(1) 3%巴比妥琼脂:称取3克琼脂粉溶于50ml蒸馏水中,水浴熔化后,加两倍浓度的pH8.6缓冲液50ml使之还原成0.05mol/L的浓度;加入1%硫柳汞1ml,分装于小试管,每管1.5ml。

(2) 0.05mol/L pH8.6缓冲液:称取10.3g巴比妥钠,1.82g巴比妥酸,溶于水并稀释至1 000ml。

(3) 人IgG、兔抗人IgG。

(4) 指示蛋白:溴酚蓝染色的牛血清白蛋白。

2. 器皿

电泳仪、水平电泳槽、打孔器、微量加样器、牙签、载玻片、恒温水浴、切割琼脂板的小刀等。

【实验方法】

1. 琼脂板的铺制

如下图铺好琼脂板，然后按下图打孔划槽，电泳时不要把槽中的琼脂挑出来（槽的两纵向平行边先不划开）。

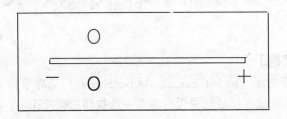

2. 加样

使琼脂板的上孔里充满抗原溶液，下孔里充满着指示蛋白。

3. 电泳

同上操作方法，调电流强度为 2~4mA/cm。当指示蛋白质到达滤纸的边缘时就可以停止电泳。一般需要 40~60min。

4. 扩散

电泳结束后，从琼脂板中间的槽里用牙签挑出琼脂凝胶，并加入免疫血清。将琼脂板置温盒内（或培养皿中），盖好盖子放置一夜。次日可以观察到凝胶内出现的沉淀线。一般情况下每一沉淀线即代表一种抗原成分。根据沉淀的数量、位置可以判断抗原的纯度以及抗原蛋白质的种类。微量免疫电泳常用于分析样品的血清成分。

5. 观察

免疫电泳的图谱可以直接观察到抗原抗体沉淀线，也可以用 0.1% 的氨基黑染色后观察。如果需要保存可以拍照。

实验四　单向定量免疫电泳

【目的和要求】

学习单向扩散与电泳技术相结合的免疫技术及学习定量抗原的方法。

【实验原理】

火箭电泳（rocket immunoelectrophoresis）又称单向定量免疫电泳，将抗原样品放在含有单专一性抗体的凝胶孔中，凝胶用pH8.6缓冲液配制，因为抗体在这个pH的静电荷为零，在电场下不移动；而抗原分子在电场作用下移动，定量的抗原泳动遇到琼脂内的抗体，形成抗原-抗体复合物沉淀下来。走在后面的抗原继续在电场作用下向正极泳动，遇到琼脂内沉淀的抗原-抗体复合物，抗原量的增加造成抗原过量，使复合物沉淀溶解，一同向正极移动而进入新的琼脂内与未结合的抗体结合，又形成新的抗原-抗体复合物沉淀下来，不断沉淀—溶解—再沉淀，最初形成可溶性的复合物，接着沿着迁移抗原区的边缘从底部开始形成沉淀网，当所有的抗原被沉淀时，在琼脂内形成锥形的沉淀峰，称火箭电泳。火箭的高度与所加抗原的量大致成比例。

影响火箭免疫电泳的因素很多，如电泳条件、抗原与抗体的浓度、凝胶中琼脂的含量、性质等。因此，为获得未知样品的精确测定值，常需用已知样品作对照，在同一凝胶板上进行电泳。

【实验器材和试剂】

1. 玻璃板：8×8cm（或$\times 7.5$cm）。
2. 其他器材试剂与实验（三）同。

【实验方法】

1. 抗体琼脂板的制备

将融化的琼脂冷却到 55℃，加入适量（看免疫血清的效价高低而定）的抗体，立即混匀（不要出现泡沫），将上述的抗体琼脂（大约 20ml）制成琼脂板，冷却后按下图打孔备用。

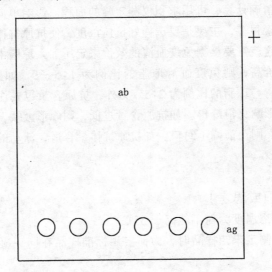

2. 加样

在各孔里加入按二倍连续稀释法稀释的抗原。

3. 电泳

通电后调电压为 10V/cm，或电流强度为 2～4mA/cm，时间约 1～5 小时。

4. 观察

在电场作用下，定量的抗原在含有定量的琼脂中泳动后，比例合适时，可在短时间内出现锥形沉淀，此沉淀线形似火箭，抗原浓度越高，"火箭"面积愈大。但抗体效价要高。

5. 定量抗原

在电泳一定时间后可以观察到火箭状的白色沉淀峰。电泳完毕后，测定沉淀峰的高度，用圆规仔细测量沉淀峰最尖端与样品孔中心间的距离，记录结果。以标准样品即不同抗原浓度为横坐标，以沉淀峰的高度为纵坐标绘制标准曲线。根据量得的待测抗原沉淀峰的长度，从标准曲线查出相应抗体含量，在乘以样品稀释倍数即可计算出该抗原的含量。

如果精确计算，可用求积仪测定峰的面积。影响单向定量免电泳的因素很多，主要是要选择好抗体浓度，使抗原抗体浓度比例合适。这就需要根据免疫血清的效价来定所加入琼脂中的抗体量，如效价高，则免疫血清琼脂的比例为 1:5～9，如效价低；则免疫血清与琼脂的比例为 2:5。另外，抗原含量也要注意，过高过低都影响火箭峰形。如抗原含量过低，则峰形太矮，如抗原浓度过高，则火箭峰不封口。如抗原抗体量合适，泳动的距离大约为 2～5cm。

【注意事项或思考】

1. 水浴温度为何不能高于 55℃？
2. 在测定未知样品时，为何要用标准样品在同一凝胶板上作对照？

实验五　微量酶联免疫法测定 IgG

【目的和要求】

掌握微量酶联免疫法的原理，学习微量酶联免疫法的操作。

【实验原理】

酶联免疫吸附测定（enzyme-linked immunosorbent assay 简称

ELISA）是在免疫酶技术（immunoenzymatic techniques）的基础上发展起来的一种新型的免疫测定技术，ELISA 过程包括抗原（抗体）吸附在固相载体上（称为包被），加待测抗体（抗原），再加相应酶标记抗体（抗原），生成抗原（抗体）-待测抗体（抗原）-酶标记抗体的复合物，再与该酶的底物反应生成有色产物。借助分光光度计的光吸收计算抗体（抗原）的量。待测抗体（抗原）的定量与有色产生呈正比。

酶联免疫测定法实质上是将专一性很强的、十分灵敏的、能够定量进行的抗原抗体结合反应与高催化效能的酶促反应偶联在一起的一种分析方法。它除了用来测定抗体外，原则上适用于一切可以诱导动物产生相应抗体的抗原和半抗原物质的测定。其特点是专一性强，灵敏度高，操作简便，无须特殊设备，特别适用于测定成分复杂的体液及组织中的微量生命物质，而且几乎不受其他物质的干扰。

酶联免疫测定法应用非常广泛。具体操作方法随测定对象及测定要求的不同而有很大差异。除一般的液相竞争法外，还有固相吸附测定法，也就是酶联免疫吸附测定法（ELISA）简称酶标法。酶标法的基本测定方法有三类：即间接法（抗原-抗体-酶标抗抗体）、双抗体（夹心）法（抗体-抗原-酶标抗体）和抗原竞争法。

为检测抗体，可用间接法。先将已知抗原吸附在固相载体上，然后加待测血清，如有相应抗体存在，则与抗原在载体表面形成抗体-抗原复合物。洗涤后加酶标抗抗体，保温后洗涤，加底物显色，加酸终止反应。有色产物的量与待测抗体的量呈正比。

为检测抗原，可用双抗体夹心法。先将特异性抗体吸附在固相载体上，然后加待测血清，如有相应抗体存在，则与抗原在载体表面形成抗原-抗体复合物。洗涤后加酶标抗体，保温后洗涤，加底物显色，加酸终止反应。有色产物的量与待测抗体的量呈正比。

抗原竞争法的原理是将抗体（或某些抗原）吸附于聚苯乙烯反应板的孔腔内壁（或别的载体）上，样品和一定量的酶标记抗原（或抗体）混合后加入反应板孔，使二者与抗体发生竞争性免疫结合反应。洗去未结合物后再以酶底物进行显色，比色定量。样品中抗原含量愈高，光吸收愈低。

本次实验检测血清IgG，应用的是双抗体夹心法。

【实验器材和试剂】

1. 材料与试剂

（1）抗人IgG抗体溶液。

（2）辣根过氧化物酶标记的抗人IgG（HRP-抗人IgG）溶液。

（3）人IgG标准液（160μU/ml）。

（4）2mol/L硫酸溶液。

（5）包被液：0.05mol/L pH9.6碳酸缓冲液：取$NaHCO_3$ 2.93g，Na_2CO_3 1.95g，以水溶解并定容至1 000毫升，pH计校正。

（6）保温液：0.075mol/L pH6.5磷酸缓冲液。取$Na_2HPO_4·H_2O$（MW.356.22）8.6g，$NaH_2PO_4·2H_2O$（MW.156.01）7.12g，Tween200（吐温）0.2ml，溶解定容100ml，pH计校正，临用前再加0.5%BSA(牛血清白蛋白)。

（7）底物溶液：先配制pH5.0磷酸盐-柠檬酸缓冲液：取柠檬酸6.53g，$Na_2HPO_4·H_2O$ 93g，溶解定容1 000ml。使用前称取40mg邻苯二胺（OPD）溶于100ml上述缓冲液中，再加入30%H_2O_2，0.15ml，置棕色瓶中，冷暗处保存，可用4小时。

（8）待测样品液（血清）。

（9）洗涤液pH7.4，0.01mol/L Tris-HCl缓冲液。

2. 器皿

恒温培养箱、酶标光度计、聚苯乙烯反应板（带盖，40孔、55孔、96孔均可）、50ml（或100ml）容量瓶1只、试管及试管架、加样枪（50μl、100μl、200μl各一支）、吸水纸、停表。

【实验方法】

1. 包被前准备：取微量反应板用0.1%洗洁精或其他清洁剂浸泡4～8小时，勿使孔内有气泡。浸泡后用水充分冲洗除去洗剂，再以温蒸馏水洗4～5遍，置37℃恒温箱中干燥备用。

2. 抗体包被：取处理好的反应板，留一孔作空白对照（仅加包被缓冲液），然后按所需孔数向其他孔加入用包被液稀释至工作浓度的抗体溶液（Ab），每孔加量50微升。勿使液滴沾在孔壁上部或出现气泡。加毕，盖好盖，置4℃冰箱过夜（或37℃，3小时），用时倾去上述包被溶液，以洗涤液（用定量加液瓶）洗三次后置于吸水纸上待干备用。标准曲线孔6孔，样品孔2孔，共8孔。

3. 标准曲线的制作及样品测定：将IgG标准品按倍比关系稀释成一系列浓度，见下表。先向2～5号各管加保温液0.5ml，接着向1号和2号管各加标准IgG0.5毫升，2号管混匀后准确吸取0.5毫升加入3号管，如此法直加至5号管，混匀备用。

管号	1	2	3	4	5
浓度（μU）	160	80	40	20	10
体积（ml）	0.5	0.5	0.5	0.5	1.0

然后将此系列标准液由稀到浓依次加入已包被抗体的反应板孔中，每孔50微升。将待测样品稀释为两个浓度（估计在标准曲线范围内），同法加入反应孔内。加盖，置37℃保温箱中保温

1小时，取出，倾去上述标准液和样品液，定量加洗涤液洗涤三次。

然后向各孔加入用保温液稀释成合适浓度的酶标记抗人 IgG 溶液 50 微升。加毕，加盖，置 37℃ 保温箱中保温 45min。取出后保温平衡 10min，倾出反应液，定量加液涤液洗涤三次（每孔约 200 微升），置吸水纸上待干备用。

4．酶反应：取酶底物溶液按顺序加入各孔，每孔 50 微升（或 100 微升），置 37℃ 恒温箱内反应 15min。然后每孔加入 4mol/L 硫酸溶液 50 微升终止反应。显色后于酶标光度计上测各孔 492nm 波长的光吸收值。

【注意事项或思考】

1．以光吸收 A_{492} 为纵坐标，IgG 浓度为横坐标，绘制标准曲线。

2．由样品吸收值从标准曲线上查出相应的 IgG 含量，再计算两个稀释度对应的样品浓度并求平均值。

实验六　免疫印迹法检测人 IgG

【目的和要求】

学习免疫印迹方法，利用免疫印迹方法检测人 IgG。

【实验原理】

蛋白质印迹法（western blotting）是把电泳或分离的蛋白质转移到固定基质上，然后进行探针结合，检测特定蛋白质的过程。固定基质一般是硝酸纤维素膜、尼龙膜和特殊的纸等。很多种不同的蛋白和配体可用于探测印迹蛋白，外源凝集素能探测糖蛋白上的糖量信息；配体能用于探测他们相应的受体；核酸能探测它们各自的结合蛋白；抗体是最常用的专一探针。当用抗体作探针时称为免疫印迹。一个典型的印迹实验包括四个步骤：

1. 蛋白质在固相基质上固定化，这可以是转移电泳（目前广泛使用印迹方法是 1979 年由 Towbin 等提出的。将含有目标蛋白质的样品首先用 SDS-PAGE 或 Native-PAGE 等分离后，通过转移电泳原位转印至 NC 膜或其他膜上），也可以直接加样等。

2. 用非特异性，非反应活性分子封阻固定基质上未被吸附蛋白质的区域，这一步称为"封阻"或"淬灭"。

3. 用探针检出固定基质上感兴趣的蛋白质（这可以是一步或多步反应）。

4. 探针上标记物的呈色反应。

十二烷基磺酸钠-聚丙烯酰胺凝胶电泳（SDS-PAGE），主要用于测定蛋白质亚基分子量，SDS 是一种阴离子去污剂，作为变性剂和助溶剂，它能断裂分子内和分子间的氢键，使分子去折叠，破坏蛋白质分子的二级和三级结构。强还原剂则能使半光氨酸残基之间的二硫键断裂。在样品和凝胶中加入 SDS 和还原剂后，分子被解聚成它们的多肽链。解聚后的氨基酸侧链与 SDS 充分结合形成带负电荷的蛋白质-SDS 胶囊，所带的负电荷大小超过了蛋白质分子原有的电荷量，这就消除了不同分子之间原有电荷的差异。因此这种胶囊在 SDS-聚丙烯酰胺凝胶系统中的电泳迁移率不再受蛋白质原有电荷的影响，而主要取决于蛋白质或亚基分子量的大小。当蛋白质的分子量在 15kV 到 200kV 之间时，电泳迁移率与分子量的对数呈线性关系。

【实验器材和试剂】

1. 相对分子量的蛋白质。
2. 人血清样品。
3. 30% 丙烯酰胺凝胶贮液：称取 29g 无结块的丙烯酰胺和

1g甲叉-双丙烯酰胺,用去离子水溶解(可温热至37℃助溶),定容到100ml,滤去不溶物,装入棕色瓶,置4℃冰箱保存。

4. 1.5mol/L Tris(用盐酸调 pH8.8)。

5. 1.0mol/L Tris(用盐酸调 pH6.8)。

6. 10% SDS:称取 SDS10g,用 50ml 水溶解,加水至100ml。

7. 5×电极缓冲液(pH8.3):称取 Tris 3.78g,甘氨酸14.4g,SDS 1.25g,加去离子水至250ml,溶解,用时稀释5倍。

8. 10%过硫酸铵(AP),新鲜配制。

9. 四甲基乙二胺(TEMED)。

10. 样品缓冲液:称取蔗糖2.5g,SDS 0.46g,Tris 0.15g,2-巯基乙醇1ml,用水定容至10ml,加溴酚蓝0.01g,使之完全溶解。用盐酸调 pH6.8。

11. 染色液(25%考马斯亮蓝溶液):取 1.25g 考马斯亮蓝R250,溶于 227ml 蒸馏水中,加甲醇227ml,再加入冰乙酸46ml(近似5:5:1),搅拌使之充分溶解,必要时滤去颗粒状物质。

12. 脱色液:将甲醇、冰乙酸、水按体积3:1:6的比例混合。

13. 印迹缓冲液:25mmol/L Tris,192mmol/L 甘氨酸(Gly),20%甲醇,pH8.3,用前配制。

14. PBS 贮存液(10 倍 PBS):0.2mol/L K_2HPO_4,KH_2PO_4,5mol/L NaCl,pH7.45,用时稀释 10 倍。以上分开配,用其中一种调节 pH=7.45,再加入 NaCl 后定容。

15. PBS 缓冲液:取 10 倍 PBS贮存液,用前稀释 10 倍。

16. 封闭液:PBS+3%牛血清白蛋白。

17. 漂洗液:PBS+1% Tween-20。

18. 辣根过氧化物酶标记的抗人 IgG(HRP-抗人 IgG)溶液。

19. 底物溶液：先配制 pH5.0 磷酸盐-柠檬酸缓冲液：取柠檬酸 6.53g，$Na_2HPO_4 \cdot H_2O$ 93g，溶解定容 1000ml。使用前称取 40mg 邻苯二胺（OPD）溶于 100ml 上述缓冲液中，再加入 30% H_2O_2 0.15ml，置棕色瓶中，冷暗处保存，可用 4 小时。

2. 器皿：电泳仪（能达到 500mA 以上）、垂直板状电泳槽、转移电泳槽、脱色摇床、微量进样器、带针头注射器、大培养皿、刮勺、刻度尺、小锥形瓶、吸量管、刀片、滤纸、海绵等。

【实验方法】

一、SDS-PAGE

1. 标准蛋白质样品和血清样品的制备

(1) 标准蛋白质样品按说明书分装于小离心管，-20℃ 保存。

(2) 样品或标准蛋白质：样品缓冲液=1:1，分别装于不同离心管，混匀，在沸水浴中加热 10min，待用。

2. 垂直板 SDS-PAGE 的灌制

(1) 垂直板状电泳槽的安装和封口（同常规 PAGE）。

(2) 用小锥形瓶，按下表配制分离胶溶液。

试剂（ml）	分离胶	浓缩胶
H_2O	1.6	1.4
30% 丙烯酰胺凝胶贮液	2.0	0.33
1.5mol/L Tris (pH8.8)	1.3	0.25
10%（g/ml）SDS	0.05	0.02
10%（g/ml）过硫酸铵（AP）	0.05	0.02
TEMED	0.002	0.002

加入 AP 后，立即摇匀，迅速连续加到两块玻板之间，高度距玻板上边 2cm。用带长针头的注射器小心在胶溶液上覆盖一层去离子水（注意勿冲击胶面），室温下凝胶 30min 左右，待完全凝固。

（3）吸出覆盖层水，按上表配制浓缩胶，混匀灌胶同分离胶操作。灌胶完后，小心插入有机玻璃梳子，勿带气泡，室温下待凝固（约 20min）。

3. 加样、电泳

（1）加电泳缓冲液至矮玻璃上面 0.4cm，小心取出梳子。

（2）按矮玻璃一面接负极，高玻璃一面接正极，将电泳仪电源电压调至零位接通电源，调电压为 50V，用微量进样器吸取已处理好的标准蛋白和待测样品液 $5\sim10\mu l$，按顺序，通过缓冲液小心把样品加在每个小槽的底部凝胶面上。

（3）将电压调至 100V，当溴酚蓝指示剂进入分离胶时，将电压调至 150V，继续电泳。当溴酚蓝迁移到离分离胶底部 0.5cm 时，调电压至零，断电。

4. 剥胶

卸下电泳板，用刮勺小心撬开玻板（可在水中操作），用刀切去浓缩胶，用回形针在每个样品溴酚蓝区带中心刺小洞作标记。用刀将分离胶分半，含标准蛋白质样品的一半用于染色，另一半为印迹用。

5. 染色和退色

将含标准蛋白质的分离胶浸在含有 0:25% 考马斯亮蓝 R250 溶液的大培养皿中，盖上盖子，染色 1h。取出凝胶，用水漂洗几次，然后加入脱色液，盖上盖子，于脱色摇床脱色。第二天观察。

二、免疫印迹

1. 带好乳胶手套，NC 膜裁成与需要印迹凝胶相似而略大的小块。

2. 将 SDS-PAGE 后准备印迹的凝胶块和 NC 膜分别放于装有印迹的缓冲液的小塑料盒里漂洗 10min（印迹缓冲液中加甲醇的作用是使 SDS 游离出来，并增加 NC 膜结合蛋白质的容量，提高 NC 膜与蛋白质的亲和力，便于 NC 膜上蛋白的复性，防止凝胶肿胀等，但甲醇能改变凝胶中大分子的电荷，过多的甲醇还能使凝胶孔径缩小，甚至引起大分子在凝胶中的沉淀而影响印迹效率）。

3. 将转移电泳用的夹板置于盛有转移缓冲液的容器中。在夹板的底部加垫一块预先用转移缓冲液浸透的纤维状物或海绵（其大小与夹板相同）。然后铺放一块比凝胶略大的预先用转移缓冲液浸透的滤纸。

4. 小心地把凝胶铺放在滤纸上，此为电泳槽阴极侧。用玻棒在凝胶上轻轻滚动，以除去气泡。

5. 将一片预先用蒸馏水浸透并在转移缓冲液中平衡 10min 的 NC 膜（其大小与凝胶相同）小心铺在凝胶上。膜应一次性铺好，不能重复铺放。小心赶走气泡。

6. 在膜上铺放一片预先有转移缓冲液浸透的滤纸（大小同上），并除去膜和滤纸间的气泡。再在滤纸上铺放一层纤维状物或海绵。

7. 合拢转移夹板，并将夹板两侧锁住。

8. 在转移电泳槽中放入转移缓冲液，把装好的夹板以正确的方向插入其中，接通电源。

9. 于冷柜或 4℃冰箱，调电流 300mA 印迹 2h 后，断电源，或以 20V 电压过夜。卸装置，取出 NC 膜。

10. 免疫学检测

（1）NC 膜用 50ml PBC 漂洗 10min，再用 PBST-脱脂奶粉封闭 1h（室温下轻摇）后倒出。

（2）加入用 PBS-BSA 稀释（按商品要求稀释）的酶标抗体

HRP-抗人 IgG,于室温下轻摇 1h。

(3) 膜用 PBST-脱脂奶粉漂洗 3 次,每次于室温下轻摇 10min,然后用 PBS 缓冲液漂洗 10min。

11. 颜色显示:于一小塑料盒里用显色液显色,到显色清晰时用蒸馏水终止反应。

【注意事项或思考】
1. 免疫印迹法应用于科学研究有哪些优点?
2. 免疫印迹法实验操作应注意哪些问题?

第五部分　分子生物学实验

分子生物学是 20 世纪发展起来的最重要的新学科之一，目前其理论与技术已渗透到生命科学的各个领域。它对于人类生活的影响不仅源于诸如 DNA 双螺旋、遗传密码、逆转录酶和聚合酶链式反应的逐一发现，还来自于其技术的广泛应用。从疾病基因的克隆，到法庭 DNA 指纹的鉴定等。分子生物学技术中最基本的 DNA 重组技术包括分离目的 DNA 片段（酶切消化或 PCR 扩增）、建立人工重组 DNA 分子（rDNA）、将重组分子转移到适当的受体细胞（转化、转染）筛选、培养转化的细胞（获得了重组 DNA 分子的受体细胞阳性克隆）、将目的基因克隆到表达载体上，导入寄主细胞，使之在新的遗传背景下实现功能表达。结合细胞生物学、胚胎学、蛋白质学、酶学和生物工程学，利用生物技术的方法人们还生产出许多基因工程药物、基因工程疫苗、转基因动植物，创造出巨大的社会与经济价值。

本教程设计从基因分离、克隆到目的基因的鉴定、表达等一系列的基础实验，拟采用传统的实验教学方法，结合多媒体、讲座、分子生物学小知识、小技巧介绍及最新分子生物学进展介绍等多种教学手段，帮助学生巩固有关分子生物学实验的基本理论，掌握分子生物学基本实验方法和技能。

所设计的一系列实验是在大肠杆菌中以 pUC18 作为载体克隆某一基因。主要研究内容和步骤：以含有载体质粒 pUC18 宿主菌 TG1 和含有供体质粒 pKC-γ 的宿主菌 DH5α 为出发菌株，经碱法抽提得到载体与供体 DNA。用电泳法检测质粒 DNA 的浓度和纯度，在此基础上用限制性内切酶进行酶切，将载体 DNA 线性化，并且将 1.4kb 的目的片段（1.4kb）从供体质粒上切下，片段大小以 λ-Hind Ⅲ/EcoR Ⅰ 酶切片段作为标准对照。然后用低熔点琼脂糖法或玻璃粉法从凝胶中回收目的片段，电泳定量后，与已线性化的载体 DNA 连接获得重组 DNA，接着用经典的 $CaCl_2$ 制备感受态进行连接产物的转化，经蓝白斑筛选获得转化子，用快速抽提酶切法和 Southern 杂交的方法进行阳性重组子鉴定。克隆于表达载体上的重组基因以融合蛋白诱导表达的方式利用 SDS-PAGE 电泳进行检测。此外设计了 PCR 实验获得目的基因或进行检测。实验全过程参见流程图。由于分子生物学新技术、新方法的不断涌现，许多实验限于目前条件无法开设，如 cDNA 文库构建、酵母双杂交技术、差异显示技术、噬菌体表面显示技术、基因敲除技术、抗体工程技术、Taqman 技术、DNA 芯片、电子克隆等。因此希望通过由学生自主选题，互相介绍有关分子生物学最新技术和进展的课堂讨论方式，让学生了解分子生物学发展的新趋势、新技术，并要求学生针对某一核酸序列寻找同源基因并设计研究该基因的分子克隆方案，学习 Genbank 和分子生物学相关软件的使用，激发自主学习热情，开阔学习视野，并培养其学习和应用知识的能力。

克隆程序简图

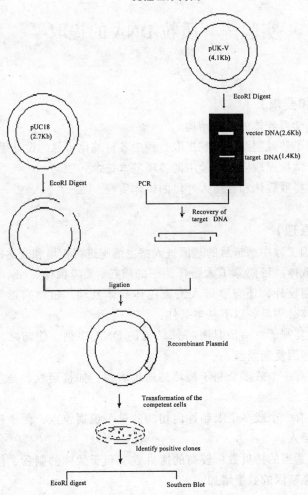

实验一　质粒 DNA 的提取

【目的和要求】

1. 学习载体的基本结构。
2. 了解碱裂解法质粒提取过程中各种纯化步骤的设计思想。
3. 掌握提取质粒实验中的各项基本技术。
4. 提取载体和含插入片段的供体质粒。

【实验原理】

基因工程中携带目的基因进入宿主细胞进行扩增和表达的工具称为载体。目前除了大肠杆菌中的质粒、λ噬菌体、M_{13}噬菌体、噬菌粒外,还有酵母人工染色体载体及动、植物病毒等载体。载体必须具备以下基本条件:

1. 复制子:一段具有特殊结构的 DNA 序列,使与之结合的外源基因复制繁殖。
2. 有一个或多个利于检测的遗传表型:如抗药性、显色表型反应。
3. 有一个或多个限制性内切酶的单一识别位点,便于外源基因的插入。
4. 适当的拷贝数:较高的拷贝数有利于载体的制备,使细胞中克隆基因的数量增加。

质粒是基因工程中的常用载体之一,是染色体外小型的双链环状的 DNA,大小在 1~200kb 之间,可自主复制,每个细胞拷贝数可达 500~700 个。如典型的 pUC 系列质粒载体 pUC18,它含有 pBR322 的复制起始位点,amp^r 以及大肠杆菌半乳糖苷酶基因 lacZ 的启动子及其编码 á 肽链的 DNA 序列,并有一段多克隆位点区段（MCS）。当外源DNA插入时，形成无活性的半乳糖苷酶，于是被转化的大肠杆菌就在X-gal-IPTG平板上形成白色菌落，当没有外源基因插入时则形成蓝色菌落。

质粒DNA的提取是基因工程操作中最常用与基本的技术，已有多种方法可供选择。例如利用碱性或煮沸条件下质粒DNA和染色体DNA变性、复性的不同来进行分离的碱法；利用EB（溴化乙锭）插入造成不同构型的DNA浮力密度不同的CsCl法；利用在酸性、低离子强度时超螺旋在水相分布而开环和线性分子在酚相中分布进行分离的酸酚法；以及现在利用玻璃纤维膜吸附DNA的快速抽提法等。

质粒提取一般步骤如下：细菌培养物的生长，细菌的收获和裂解，质粒DNA的纯化等，通常用离心的方法去除各种细胞碎片，用饱和酚处理去除蛋白质，用RNA酶处理去除RNA等，最后用乙醇沉淀达到浓缩的目的。一般1ml菌液可获得约3~5μg质粒DNA。

碱裂解法提取质粒是根据共价闭合环状质粒DNA和线性染色体DNA在拓扑学上的差异来分离质粒DNA。在pH值介于12.0~12.5这个狭窄的范围内，线性的DNA双螺旋结构解开而被变性，尽管在这样的条件下，共价闭环质粒DNA的氢键会被断裂，但两条互补链彼此相互盘绕，仍会紧密地结合在一起。当加入pH4.8乙酸钾高盐缓冲液恢复pH至中性时，共价闭合环状的质粒DNA的两条互补链仍保持在一起，因此复性迅速而准确，而线性的染色体DNA的两条互补链彼此已完全分开，复性就不会那么迅速而准确，它们缠绕形成网状结构，通过离心，染色体DNA与不稳定的大分子RNA、蛋白质-SDS复合物等一起沉淀下来而被除去。

【教学内容】

1. 质粒载体基础知识、多种质粒提取方法的介绍。

2. 碱裂解法提取载体质粒、含目的片段质粒。

【实验器材和试剂】

1. 器材

恒温培养箱、恒温摇床、台式离心机、高压灭菌锅、振荡器、恒温水浴、微量移液器（20μl, 200μl, 1 000μl）、1.5ml Enpendorf管。

2. 材料与试剂

(1) LB 液体培养基：酵母提取物 5g/L，蛋白胨 10g/L，NaCl 10g/L，pH7.0。

(2) 氨苄青霉素：100mg/ml 分装后于 -20℃ 保存。

(3) 溶液 I

50 mmol/L　葡萄糖

5 mmol/L　三羟甲基氨基甲烷（Tris-Cl）（pH8.0）

10 mmol/L　乙二胺四乙酸（EDTA）（pH8.0）

(4) 溶液 II

0.2 mol/L NaOH，1% SDS，新鲜配制，如有絮状沉淀可放在温水浴中助溶，不澄清者不可用。

(5) 溶液 III

5mol/L 乙酸钾 60ml，冰乙酸 11.5ml，H_2O 28.5ml

溶液 I、II、III 可按 1:2:1.5 的比例配制。

(6) 饱和酚（pH8.0）

(7) 酚氯仿（25:24）

(8) 氯仿异戊醇（24:1）

(9) 无水乙醇

(10) 70% 乙醇（-20℃ 保存）

(11) RNaseA：5 mg/ml，100℃ 煮沸 10min，自然冷却至室温，分装小管，-20℃ 保存。

(12) TE 缓冲液：10mmol/L Tris-HCl，1 mmol/L EDTA（pH8.0）。

3．菌种：含供体（含目的基因）和载体质粒的大肠杆菌。

【实验方法】

1．挑取菌种接种于3ml含氨苄青霉素的LB液体培养基中，37℃振荡培养过夜。

2．取1.5ml培养物倒入微量离心管（EP管）中，12 000 r/min离心1min，弃上清液。

3．重复上述步骤1次。

4．将细胞沉淀悬浮于100μl溶液Ⅰ中，剧烈振荡，充分混匀（振荡至无菌块）。

5．加200μl溶液Ⅱ，盖紧管盖，快速颠倒混匀内容物，确保离心管内表面均与溶液Ⅱ接触，将离心管放冰上10min。

6．加150μl溶液Ⅲ（冰上预冷），盖紧管口，颠倒数次使之混匀，冰上放置10min。

7．12 000r/min离心10min，将上清液转至另一EP管中（作好标记）。

8．加入450ml酚：氯仿，混匀，12 000r/min离心5min，吸取上清液至另一EP管中。

9．加入450ml氯仿：异戊醇，混匀，12 000r/min离心5min。

10．吸取上清液至新EP管中，加入2倍体积无水乙醇，混匀后，室温放置15min。

11．12 000r/min离心10min，弃上清液。

12．用1ml 70%乙醇洗涤质粒DNA沉淀，略振荡后放置2min，12 000r/min离心2min，倒去上清液，把离心管倒扣在吸水纸上，吸干液体，空气中干燥5min。

13．加20μlTE缓冲液，其中含有50μg/ml的RNaseA，振荡使DNA溶解，65℃放置30min，去除RNA。

14．标记后，置-20℃保存备用。

【注意事项】
1. 微量加样器的正确使用。
(1) 选择一支量程合适的移液器,设置移液量。
(2) 装枪头,检验移液量。
(3) 吸取一定体积的液体,目测吸入枪头的液体体积是否合理。
(4) 释放液体,退下枪头。
2. 溶液Ⅰ加入后充分悬浮。
3. 溶液Ⅲ加入后轻柔地颠倒混匀。
4. 酚抽提后小心吸取上清液。

实验二 质粒 DNA 的酶切

【目的和要求】
1. 了解一般限制性内切酶的各种特性;
2. 学习设计酶切方案的一般规律;
3. 掌握酶的保存与使用方法;
4. 对载体与供体进行酶切。

【实验原理】
限制性内切酶是一类能够识别双链 DNA 分子中的特定的核苷酸序列,并由此切割 DNA 双链结构的核酸内切酶,共有Ⅰ型、Ⅱ型、Ⅲ型三类,Ⅱ型限制性内切酶识别含 4~7 个核苷酸且具有回文对称性质的核酸序列,并在识别序列内或侧旁特异性位点切开 DNA 双链,产生平齐末端和带单链突出端(粘性末端)的 DNA 片段,常用于基因克隆的载体切割、外源 DNA 的制备。在分子克隆中Ⅰ、Ⅲ类型限制性内切酶都不常用。

影响限制性内切酶的因素很多，酶反应条件是实验成功的重要因素，其中包括反应的温度、时间与反应的缓冲体系、DNA的纯度和浓度等，只有正确选用酶反应条件才能达到最佳酶切效果。此外DNA制品中的污染，如RNA、蛋白质、氯仿、SDS、EDTA、酚、EB、乙醇、琼脂糖凝胶中的硫酸根离子等均能抑制酶切活性，影响酶切效果，这种抑制可通过增加酶作用单位数，增大反应体积以稀释可能的抑制剂或延长反应时间来加以克服。

酶切计划的实施可按以下次序进行：DNA量→酶量（最多占总体积的1/10）→总体积，即根据所用DNA的量确定用酶量，再根据用的酶量确定总体积。一般较好的酶切反应体系中DNA用量不高于$1.5\mu g/50\mu l$。酶切时加样顺序一般应为：水+缓冲液+DNA+酶，以保证酶的活性。向管中加入每个组分后都要用手指轻拨管子以利混匀，最后加酶混匀，离心5min后保温酶切。

【实验器材和试剂】

台式离心机、振荡器、恒温水浴、微量移液器（$20\mu l$，$200\mu l$，$1\,000\mu l$）、1.5ml Enpendorf管、限制性内切酶及酶切缓冲液、无菌水。

【实验方法】

1. 酶切

取一EP管，分别加入以下成分：

无菌ddH$_2$O	$5\mu l$
10×buffer H	$1\mu l$
质粒DNA	$3\mu l$
EcoRI	$1\mu l$
	总体积$20\mu l$

2. 混匀后，离心 5s，37℃酶切 1h。
3. 电泳检测酶切结果。

实验三　琼脂糖凝胶电泳检测 DNA

【目的和要求】

通过本实验学习琼脂糖凝胶电泳检测 DNA 的方法和技术。

【实验原理】

DNA 的电泳分离技术是基因工程中的一项基本技术，也是 DNA、RNA 检测和分离的重要手段。琼脂糖凝胶电泳具有快速、简便、样品用量少、灵敏度高以及一次测定可获多种信息等特点。

DNA 分子在琼脂糖凝胶中有电荷效应和分子筛效应。在高于等电点的溶液中带负电荷，在电场中向正极移动。在一定的电场强度下，DNA 分子的迁移速度取决于分子筛效应，即具有不同的相对分子量的 DNA 片段泳动速度不同。DNA 片段的迁移率与分子大小及高级结构有密切关系。凝胶电泳不仅可分离不同分子量的 DNA，也可以分离分子量相同，但构型不同的 DNA 分子。如质粒的三种构型的泳动速率不同：超螺旋闭合环状质粒最快，线型质粒其次，开环质粒最慢。影响 DNA 泳动速率的因素很多，如分子量大小与 DNA 构型、凝胶浓度、电场强度、EB、电泳缓冲液等。

分子量标准是在电泳测定 DNA 样品的分子量及浓度的过程中所使用的标准样品对照。常用类型：λ-HindⅢ，λ-HindⅢ/EcoRI，DNA ladder，PCR marker 等等，选用的原则是构型与被测分子相同，标准片段分子能包含被测分子，此外某些分子量标准使用前需要进行预处理。

不同浓度的琼脂糖凝胶可分离线性 DNA 分子的有效范围见下表：

琼脂糖凝胶浓度 %	分离范围（kb）
0.3	5～60
0.6	1～20
0.9	0.8～10
1.0	0.5～7
1.2	0.4～6
1.5	0.2～3
2.0	0.1～2

【教学内容】

1. 电泳基本知识介绍。
2. 琼脂糖凝胶的制备。
3. 电泳检测质粒 DNA 及其酶切产物。
4. 质粒及其酶切产物的定量。

【实验器材和试剂】

1. 琼脂糖凝胶电泳系统
2. 电泳仪，电泳槽一套
3. 微波炉
4. 台式离心机
5. 紫外透射仪
6. 50xTAE 电泳缓冲液：242.0g Tris，100ml 0.5mol/L

EDTA（pH8.0），57.1ml 冰醋酸，加水至 1 000ml。4℃保存，用时稀释 50 倍。

7. $6x$ 加样缓冲液（2.5g/L 溴酚蓝 + 400g/L 蔗糖 + 10mol/L MEDTA）

8. 琼脂糖

9. 溴化乙锭（EB）：1mg/ml 母液，使用浓度 0.5μg/ml

10. DNA marker（λDNA HindⅢ/EcoRI）

11. 质粒 DNA

12. EcoRI

【实验方法】

1. 制胶

（1）将制胶槽两端用胶带封严。

（2）称取 0.2g 琼脂糖于三角瓶中，加入 20ml $1x$ TAE。

（3）用微波炉加热融化至完全溶解，无颗粒状琼脂糖。

（4）冷却至 60℃左右加入 EB100μl（0.5μg/ml）。

（5）摇匀，倒入制胶槽中直至形成均匀的胶面，注意不要形成气泡。

（6）临用前，待凝固拔取梳子，撕去胶带，放入电泳槽，倒入适量（80ml）$1x$ TAE buffer 至电泳槽中，备用。

2. 样品准备

取 Marker2μl（0.5μg）、酶切样品 5μl 和 2μl 质粒原液分别与 $6x$ 加样缓冲液混匀后，加样。

3. 记录点样顺序和点样量。

4. 电泳：接通电泳仪和电泳槽的电源（注意点样孔应在负极），恒压 80V，电泳约 30min。

5. 紫外灯下观察并记录结果。

6. 分析结果并鉴定样品纯度。

【结果举例】

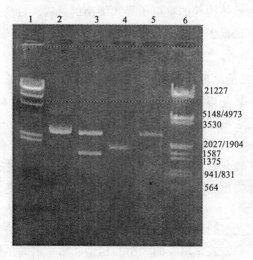

1. λ-HindⅢ 2. pKC-γ
3. pKC-γ/EcoRI 4. pUC18 5. pUC18/EcoRI
6. λ-HindⅢ/EcoRI

实验四 大肠杆菌感受态细胞制备及转化

【目的和要求】

1. 学习 $CaCl_2$ 法制备和保存大肠杆菌感受态细胞的方法和技术。
2. 了解转化过程中各因素对转化率的影响。
3. 掌握转化率的计算方法。

【实验原理】

　　细菌处于容易吸收外源 DNA 的状态叫感受态。转化是指质粒或以它为载体构建的重组子导入细菌的过程。目前制备感受态及转化的方法很多，如原生质体法、特殊试剂诱导法、电击法、$CaCl_2$ 诱导法等。

　　$CaCl_2$ 法的原理是细菌处于 0℃，$CaCl_2$ 低渗溶液中，细胞膨胀成球形，转化混合物中的 DNA 形成抗 DNA 酶的羟基-钙磷酸复合物粘附于细胞表面，经 42℃ 短时间热击处理，促进细胞吸收 DNA 复合物。将细胞放置在非选择性培养基中保温一段时间，促使在转化过程中获得的新表型如 Ap^+ 得到表达，然后将此细菌培养物涂布在含有氨苄青霉素的选择性培养基上生长从而获得转化子。

　　影响转化率的因素很多，如试剂纯度与器皿清洁程度、接种前菌种的保藏方式、质粒的大小和构型、宿主菌的生长时期（大肠杆菌在对数中期易产生感受态）、冰浴时间（延长冰浴时间可略微提高转化效率）、化合物及无机离子（Rb^+、Mn^+、二甲亚砜等能提高转化率）、质粒与细胞的比例（质粒与细胞个数比在 1:1 以下时转化效率随加入 DNA 量的增加呈线性增加）等。

　　宿主菌有多种，如 DH5a、TG1、JM109、DE3，可根据不同的载体及不同的克隆目的选用，如进行蓝白斑筛选时可选用 DH5a、JM109；用 T_7 启动子进行原核表达时可选用 BL21 (DE3)。

　　感受态细胞可在 4℃ 保存一周，或在有甘油的条件下于 -20℃ 或 -80℃ 保存数月。

【教学内容】

1. 感受态细胞的制备基础知识及方法简介。
2. $CaCl_2$ 法制备 DH5α 或 JM109 感受态细胞，计算转化效率。

3. 质粒和重组产物转化大肠杆菌DH5α感受态细胞。

【实验器材和试剂】

摇床、分光光度计、冷冻离心机、超净工作台、恒温水浴、涂布棒、恒温培养箱、平皿、LB液体培养基、LB固体培养基、氨苄青霉素、30%甘油、0.1mol/L CaCl$_2$、DH5α、质粒。

【实验方法】

1. 感受态细胞的制备

(1) 接种一环DH5α于2ml LB培养基中，37℃振荡过夜。

(2) 以约1%体积的接种量接入20ml LB培养基中，37℃培养至OD$_{600}$=0.3（菌数不可多于10^8/ml）。

(3) 倒入40ml离心管中，冰浴10min。

(4) 4℃ 4 000r/min，离心5min。

(5) 弃上清液，摇动振松菌块，加入10ml 100mmol/L预冷的CaCl$_2$。

(6) 0℃冰浴20min。

(7) 4℃ 4 000r/min，离心5min。

(8) 弃上清液，摇动振松菌块。

(9) 加入100μl 100mmol/L预冷的CaCl$_2$。

2. 转化

(1) 100μl感受态细胞+1μl质粒（50ng）（轻轻混匀，勿吹打）。

(2) 同时做阴性对照即受体菌对照：100μl感受态细胞+2μl无菌水。

(3) 冰浴30min。

(4) 42℃静置90秒，勿摇动。

(5) 冰浴2min。

(6) 加入 900μl 37℃ 预热的 LB 培养基，37℃ 100r/min 摇床培养 45min。

(7) 100μl 已转化的感受态细胞和阴性对照，分别涂布于含有氨苄青霉素的 LB 平板。

(8) 静置 15min，倒置平板 37℃ 培养 12~16h，出现菌落。

3. 计算系统转化效率

转化率计算公式：转化子数/μgDNA =【单菌落数/质粒浓度（ng/μl）】×10×1 000

【注意事项】

1. 玻璃器皿的处理：准备制备感受态的大肠杆菌在培养时使用的玻璃器皿要求泡酸处理，用水冲净酸液后，再用双蒸水冲洗，因为残存的酸、离子等对转化率都有影响。

2. EP 管、tip 头等塑料制品的处理：要求使用新的 EP 管、tip 头，用双蒸水浸泡清洗后，灭菌备用。一律在超净工作台中使用，以免污染感受态细胞。

3. 溶液试剂的准备：LB 培养基、$CaCl_2$、甘油等试剂均要求新鲜配置，灭菌备用。

4. 加取试剂均要求在超净工作台中操作。

实验五 目的基因片段的回收

【目的和要求】

1. 了解琼脂糖凝胶电泳中回收 DNA 片段的几种方法及其优缺点。

2. 学习低融点琼脂糖法、玻璃粉法回收目的片段的方法。

【实验原理】

DNA片段的分离与回收是基因工程操作中的一项重要的技术，如可收集特定酶切片段用于克隆或是制备探针/回收PCR产物用于再次鉴定等。目前已有多种方法可供选用，如纤维素膜电泳回收、透析袋电洗脱法、冻融法、玻璃粉法、低融点琼脂糖凝胶法等，回收方法的选择可根据回收片段的大小、现有的试剂与器材，以及后处理的难易等选择合适的回收方法。回收实验中两个最重要的指标是产物的纯度与回收率，前者未达标时会严重影响后续的酶切、连接、标记等酶参与的反应，后者不理想时往往会大大增加前期的工作量。回收的产物应满足以下要求：回收效率高，纯度高，不可带有凝胶。回收过程中加入的物质也要除净，无DNA酶污染。在电泳过程中不同大小的片段分离处于不同的位置，切下并回收含目的片段的琼脂糖凝胶，经抽提、浓缩即可获得目的片段。

低熔点琼脂糖是经羟乙基修饰的琼脂糖，可降低链间的氢键数目，并可在比标准琼脂糖更低的温度下熔化和凝固。大多数该类型的琼脂糖在65℃熔化，这个温度远低于双链DNA的解链温度。这一特性构成了从凝胶中回收及操作DNA的基础。通过低融点琼脂糖凝胶电泳分离DNA片段，溴化乙锭染色，紫外灯显示条带，经熔化凝胶和酚抽提进行DNA的回收。该方法对于大小在0.5~5.0kb的DNA片段效果最好。

玻璃粉法琼脂糖凝胶在高浓度NaI溶液中溶解后，加入DNA结合物如玻璃粉等结合DNA片段，这种复合物很容易与系统的其他部分分开，通过离心，洗涤等方法即可获得纯化的DNA。

【实验器材和试剂】

含有目的片段的pkc-g质粒的EcoRI酶切产物、低熔点琼脂糖、琼脂糖、酚-氯仿抽提液、氯仿-异戊醇、玻璃粉回收DNA

试剂盒、无水乙醇、70％乙醇、TE、3mol/L NaAC、台式离心机、水平电泳仪、紫外透射仪、-20℃冰箱等。

【实验方法】

1. 低融点琼脂糖法回收的实验步骤

（1）透明胶封住2格齿柱（约1.5cm）。

（2）酒精棉球擦洗电泳槽、制胶板和梳子，晾干备用。

（3）倒入20ml 1％的低熔点琼脂糖凝胶待用。

（4）将酶切样品点入大孔，电泳至所需片段并分离。

（5）熔胶：切下含目的条带的琼脂糖切片，转移至一个新的EP管内（尽量使切出的切片体积最小，以减少抑制剂对DNA的污染）。

（6）估计胶条的体积，加入其2倍体积的TE缓冲液，65℃水浴中熔胶（熔胶要充分）。

（7）等溶液冷却至室温，加入等体积酚-氯仿，混匀20s，12 000r/min离心10min。

（8）吸取上清液，加入等体积氯仿-异戊醇，混匀，12 000r/min离心5min。

（9）吸取上清液，转移至一个新的EP管内。

（10）加入1/10体积的3mol/L NaAc，加入2倍体积的无水乙醇（4℃），混匀，室温放置10min。

（11）12 000r/min离心15min，沉淀回收DNA。

（12）用75％乙醇洗涤沉淀，12 000r/min离心2min，弃上清液，空气干燥5min。

（13）加入10μl TE溶解回收产物。

2. 玻璃粉法回收的实验步骤

（1）电泳分离目的片段，并切下凝胶，估计胶条的体积，加入3倍体积的溶胶液（NaI），60℃水浴5min溶胶（溶胶要充分）。

（2）加入5μl玻璃粉，混匀，室温静置5min。

(3) 8 000r/min 离心 30 秒，丢弃上清液（上清液要去除干净）。

(4) 加入 125μl 洗涤液（wash Buf），混匀。

(5) 8 000r/min 离心 5s，丢弃上清液（上清液要去除干净）。

(6) 重复洗涤一次。去除上清液后，在空气中干燥 5min（酒精挥发）。

(7) 加入 15μl TE 缓冲液，混匀。60℃水浴 5min（DNA 从玻璃粉上解离下来）。

(8) 12 000r/min 离心 5s，收集上清液得到回收产物（吸取上清液时注意不要将玻璃粉吸起）。

3. 电泳分析定量

(1) 制胶。

(2) 上样

  a. λ-HindⅢ/EcoRI   2μl
  b. 回收的目的片段   2μl
  c. 回收的载体   2μl

  注意：加入 6×loading buffer 后再上样。

(3) 电泳：确认回收片段，测定浓度并计算回收效率。

【注意事项】

1. 进行回收电泳时，往往需要在紫外灯下监测。注意应使用长波紫外灯。短波紫外线（254nm）会引起 DNA 链断裂，或是造成基因突变。

2. 所有与回收片段接触的试剂及器皿等都应进行灭菌处理，防止 DNA 酶的污染。

3. 回收时的操作要轻柔，特别是大片段，防止机械剪切力对 DNA 的破坏。

4. 玻璃粉法回收：溶胶充分；离心时间不可过长，否则玻璃粉很难再吹打起来；DNA解离时水浴温度不可低于60℃，否则影响得率；最后一步收集上清液时，不要将玻璃粉吸起，以免影响纯度。

【结果举例】

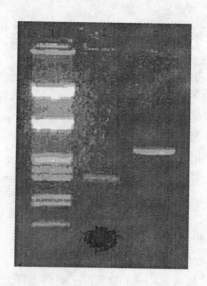

1. Marker，2. 目的片段（1.4kb），3. 载体片段（2.7kb）

实验六　DNA重组

【目的和要求】

　　1. 学习克隆工作中常用的单、双酶切，载体去磷酸化处理等连接方法。

2. 了解反应中各因素对连接效率的影响。

3. 学会根据克隆要求选择连接浓度并对已酶切的载体与目的 DNA 进行连接。

【实验原理】

外源 DNA 与载体分子的连接就是 DNA 重组，这种重新组合的 DNA 叫做重组子。DNA 连接酶有两种：T_4 噬菌体 DNA 连接酶和大肠杆菌 DNA 连接酶。在 DNA 连接酶的作用下，在含有 Mg^{2+}、ATP 存在的连接缓冲系统中，将分别经酶切的载体分子与外源 DNA 分子进行连接，获得重组 DNA 分子。

影响连接反应的因素：反应温度、连接酶的用量、DNA 浓度及两种 DNA 分子数的比例、外源 DNA 末端的性质等。

通过控制插入片段与载体之间的比例以达到最大效率的重组连接。最佳比例是由构造及末端的类型决定的。一般需要较高的插入片段与载体的比例。如 2:1 甚至 4:1，DNA 重组的方法主要有粘端连接法和平端连接法，常利用 CIAP（牛小肠碱性磷酸酶）处理，以减少载体自身环化产生的假阳性克隆，降低高本底。

连接反应的温度在 37℃ 时最有利于连接酶的活性，但在此温度下，粘性末端的氢键结合是不稳定的。因此选择 12~16℃ 连接过夜，这样既可最大限度的发挥连接酶的活性，又兼顾到短暂配对结构的稳定性的影响。

【教学内容】

1. DNA 重组知识介绍。
2. 分别回收纯化的外源 DNA 与酶切的载体分子并定量。
3. 按一定比例用 T_4 噬菌体 DNA 连接酶进行连接反应。

【实验器材和试剂】

低温水浴锅、冰箱、酶切的载体（已去磷酸化 pUC18 EcoRI 酶切片段）、外源 DNA（pKC-λ EcoRI 酶切目的片段）、T_4 DNA 连接酶。

【实验方法】

1. 连接反应：将 2 个片段按 1:1～3:1 的比例混合于 EP 管中。

载体 DNA	100ng
目的 DNA 片段	150ng
T_4 连接酶缓冲液	$1\mu l$
T_4 连接酶	1u
ddH_2O	– – –
反应总体积	$20\mu l$

2. 16℃保温 14 小时，若不马上转化，-20℃ 保存。
3. 制备涂菌的琼脂板及鉴定用 LB 培养基。
4. 制备感受态细胞。
5. 转化实验

(1) 在 $100\mu l$ 制备的感受态细胞中，加入 $5\mu l$ 连接产物，混匀，冰上放置 30 分钟。同时做两个对照管。

受体菌对照：$100\mu l$ 感受态细胞 + $2\mu l ddH_2O$。

质粒对照：$100\mu l$ 感受态细胞 + $2\mu l$ pUC18 质粒。

(2) 42℃水浴 1～2 分钟。
(3) 冰上放置 1～2 分钟。
(4) 每管加 $800\mu l$ LB 液体培养基，轻轻混匀，37℃ 摇床慢摇，温育 45min。

7. 制板：在预制的 LB 平板上，加 $40\mu l$ 20mg/mL Xgal 和 $4\mu l$ 200mg/mL IPTG 溶液，并用灭菌涂棒均匀涂布于琼脂凝胶表面。

注意：涂棒在酒精灯上烧后需冷却！

8. 将100μl已转化的感受态细胞均匀涂板,等溶液吸收后,37℃倒置培养过夜。

9. 第二天观察实验结果并挑取阳性克隆于3ml LB培养基(Ap^+)中,摇床培养12小时后,储存于4℃冰箱备用。

实验七　重组子鉴定

【目的和要求】
1. 了解转化子鉴定原理,掌握各方法适用的情况。
2. 酚/氯仿快速抽提、酶切鉴定上次实验的转化子。

【实验原理】
到上次实验为止,完成了DNA的体外重组,以及转化到大肠杆菌的受体菌得到转化子,但在实际工作中,只有获得了经过鉴定的阳性重组子才完成了一个完整的克隆过程。载体都有供筛选的遗传标记,细胞被转化后获得了这种遗传性状,因此,可根据转化子的特征进行初步筛选。如利用α互补现象进行筛选是最常用的一种鉴定方法。当外源基因插入lacZ基因中的多克隆位点后,将形成白色菌落,从而与未插入外源基因的蓝色菌落相区别。但这些转化子并不一定都是合乎要求的重组DNA,因为载体本身的缺失或非目的基因的插入都可使转化的细胞获得相同的特征,所以重组质粒转化宿主细胞后,对转化菌落必须进一步筛选和鉴定。

DNA的重组鉴定可以在各个水平上进行,例如DNA水平、mRNA水平、蛋白质水平以及外源基因所表现出的功能水平。常用的鉴定方法有:小规模制备质粒DNA并进行限制酶切分析、α互补、杂交筛选、DNA顺序分析、免疫沉淀检测法、抗性反应、显色反应、营养缺陷型互补等。

载体带有 β-半乳糖苷酶的启动子及其编码 α 肽链氨基端的 DNA 序列 lacZ′ 基因，这个编码区中插入了一个 MCS，它不破坏阅读框，不影响 β-半乳糖苷酶的功能。

宿主菌则含有编码 β-半乳糖苷酶 C 端部分的序列，它们分别编码的片段均无活性，但可融为一体，形成具有酶活的蛋白质 α 互补，可切割 X-gal 生成 β-半乳糖和蓝色的产物，从而形成蓝色的菌落，当有外源片段插入载体时，产生无 α 互补能力的氨基酸片段，形成白色菌落。

【实验方法】

1. 挑选阳性克隆子过夜培养。
2. 酚/氯仿快速抽提质粒

(1) 5ml 过夜培养菌液。
(2) 倒入 EP 管中，$12\,000 \times g$，离心 1 min。
(3) 弃上清液，涡旋振荡器振松菌块。
(4) 加入 $100\mu l$ TE，混匀。
(5) 加入 $100\mu l$ 酚/氯仿混匀。
(6) $12\,000 \times g$，离心 5min。
(7) 吸取上清液移入新的 EP 管中。
(8) 加入 $100\mu l$ 氯仿/异戊醇混匀。
(9) $12\,000 \times g$，离心 5min，吸取上清液移入新的 EP 管中。
(10) 加 1/10 体积 NaAC，2 倍体积无水乙醇，混匀。
(11) 0℃，沉淀 30min。
(12) $12\,000 \times g$ 离心 10min，弃上清液，加 $200\mu l$ 70% 乙醇洗涤。
(13) $12\,000 \times g$ 离心 5min，干燥。
(14) 沉淀溶于 $10\mu l$ TE 中。
(15) $12\,000 \times g$ 离心 10min。

(16) 弃上清液,加 200μl 70%乙醇洗涤。
(17) 12 000×g 离心 5min,干燥。
(18) 沉淀溶于 15μlTE（RnaseA 20ug/ml）中。

3. 酶切鉴定

取 5μl 在 15μl 体系中进行 EcoRI 酶切反应。

质粒	5.0μl
BufferH	1.5μl
EcoRI	1.0μl
ddH$_2$O	7.5μl

37℃ 温育 1h。

4. 电泳检测结果

1%琼脂糖凝胶,80V 电泳。

实验八　Southern 吸印

【目的和要求】

1. 了解常用吸印膜的特点和选用原则。
2. 学习三种吸印方法。
3. 掌握 Southern 吸印、电转移技术。

【实验原理】

DNA 吸印广泛使用的是尼龙膜、修饰尼龙膜、PVDF 膜和硝酸纤维素膜。吸印的方法从单一的毛细管转移发展到真空转移和电转移,大大增加了转移的效率,从而增加了整个杂交过程的灵敏度。

首先将经限制性内切酶酶切的 DNA 片段进行琼脂糖凝胶电泳,经过电泳分离的 DNA 片段通过毛细管作用或电转移等方法使之按原有顺序将条带转移至硝酸纤维素滤膜（nitrocellulose filter membrane，NC膜）上，并固定起来，也称为转膜过程。

【实验器材和试剂】

1. LB培养基，Ap，0.45μm硝酸纤维素（NC）膜。
2. 变性液：0.5mol/L NaOH、5mol/L NaCl。
3. 中和液：0.5mol/L TrisCl（pH=7.4）、5mol/L NaCl。
4. 无菌水。
5. 待鉴定转化子（5个）、阴性对照、阳性对照、DNA Marker。
6. 琼脂糖凝胶电泳系统和电转移系统、剪刀、直尺、镊子、烘箱等。

【实验方法】

1. 电泳：待测样品酶切后进行琼脂糖凝胶电泳，待溴酚蓝跑至离底部1cm左右停止电泳，小心取出凝胶。
2. 吸印（或电转移）

（1）用刀片切掉未用过的凝胶区域，并将凝胶切掉一个角作为标记（针对点样顺序），然后转至平皿中。

（2）将胶置于0.2mol/L HCl中10min（目的是将DNA部分脱嘌呤，若DNA<1kb可省），缓缓摇动。当溴酚蓝由蓝色转变为桔黄色时停止，用蒸馏水漂洗2次。

（3）将凝胶浸泡在变性溶液中（目的是使DNA双链变性成单链），放置40min，使DNA不断变性并不断摇动。

（4）用蒸馏水漂洗2次。

（5）将凝胶转到另一个平皿中，用中和溶液浸泡40min（目的是中和），不断摇动。

（6）用蒸馏水漂洗2次。

（7）将两个直径20cm的玻璃平皿并排放置，里面倒上20×

SSC,两个平皿上放一块干净的玻璃板,$10 \times 15 cm^2$,上铺两张与玻璃板同宽的 Whatman No.1 滤纸。滤纸的两个边垂入 $20 \times$ SSC 溶液中,使溶液不断吸到滤纸上(注意:可用玻璃棒在滤纸上滚动以赶尽气泡,滤纸不能用手直接接触)。

(8) 将 NC 膜裁成与凝胶大小一致,并在相应位置上剪掉一个角,然后用重蒸水浸湿,再转入 $20 \times$ SSC 溶液中浸泡约 30min。

(9) 将凝胶放到已用滤纸铺好的玻璃板中央(用玻璃棒赶掉凝胶与滤纸间的气泡)。

(10) 小心用镊子将 NC 膜准确放在凝胶上(此时 DNA 开始转移,不能再移动 NC 膜)。

(11) 用玻璃棒仔细赶掉一切存在于膜与凝胶间的气泡。

(12) 膜上盖一张同样大小的普通滤纸,再次赶尽气泡。

(13) 预先裁一叠大小略比 NC 膜小 2mm 的卫生纸,压在滤纸上,约 10cm 厚。

(14) 在卫生纸上放置一块玻璃板,再放一个 500g 的砝码或其他重物。

(15) 将凝胶上的 DNA 转移 12h 或过夜。

(16) 将 NC 膜与凝胶剥离。弃去胶,把 NC 膜浸在 $6 \times$ SSC 溶液中,约 5min 后取出。

(17) 将 NC 膜夹在 4 层普通滤纸中,置 65℃ 烘箱中烘烤 4h。

实验九　Southern 杂交

【目的和要求】

1. 了解杂交过程中各因素对杂交的影响。

2. 了解非放射性标记技术中酶法标记的原理。

3. 学习杂交的各种检测方法,掌握本实验中使用碱性磷酸酯酶底物 BCIP/NBT 的显色原理和过程。

4. 用已标记探针进行杂交及其检测。

【实验原理】

Southern 杂交是一项识别特异性 DNA 序列的重要技术,即将吸附并固定在膜上的 DNA 片段与一个标记好的探针进行杂交,其基本原理是具有一定同源性的两条核酸单链 DNA(或 DNA 与 RNA)在一定的条件下可按碱基互补原则退火形成双链。杂交的双方是待测核酸序列及标记的探针。此杂交过程是高度特异的。实际操作中分为预杂交、杂交与洗脱。预杂交的目的是封闭膜上所有的非特异性结合位点,杂交则是使探针 DNA 和膜上同源部分进行特异性结合,往往采用相对宽松的条件以确保杂交的完全程度。最后一步洗脱,将严格控制条件将同源性稍差的探针洗脱,确保阳性杂交结果的可靠性。

大部分非放射性标记检测都是利用酶将无色的底物分解产生深色产物,使杂交信号可见。如地高辛标记的探针在杂交后可以与地高辛抗体+酶的复合物结合,使该酶底物发生显色反应。

【教学内容】

1. 探针标记。
2. Southern 杂交。
3. 显色检测反应。

【实验器材和试剂】

1. 试剂

(1) 预杂交液 5×SSC 1g/L 的 N-十二烷酰肌氨酸钠、0.2g/L 的 SDS、5g/L 的封阻试剂。

先配 20×SSC 母液：0.3mol/L 柠檬酸三钠、3.0mol/L NaCl 封阻试剂的粉剂包含在试剂盒中。

预杂交液配好后 0.103 MPa 湿热灭菌 15 min。

（2）探针 DNA（1.4kb 回收带）

（3）洗涤液Ⅰ：2×SSC

质量浓度为 1g/L 的 SDS。可从母液配制，0.103 MPa 湿热灭菌 15min。

（4）洗涤液Ⅱ：0.1×SSC 质量浓度为 1g/L 的 SDS。可从母液配制，0.103 MPa 湿热灭菌 15 min。

（5）Dig 标记及检测试剂盒。

2. 器材：恒温水浴、塑料袋、剪刀、盖玻片镊子、体积分数为 100% 的酒精棉球、封口机、恒温水浴器、烤箱、杂交箱、台式高速离心机、高压灭菌锅、冰箱。

【实验方法】

一、随机引物法（Dig-dUTP）标记探针

$1\mu g$-$3\mu g$ DNA/TE
↓
100℃ 放置 10min
↓
0℃ 放置 10min
↓
加 $2\mu l$ 含六核苷酸混合物的反应缓冲液
↓
加 $2\mu l$ dNTP 标记混合物
↓
加无菌水至 $19\mu l$
↓

加 1μl Klenow (2U)
↓
37℃，1~20h
↓
加 2μl 0.2mol/L EDTA (pH=8.0)
↓
加 2μl 4mol/L LiCl，75μl 100% 乙醇，混匀
↓
4℃放置过夜
↓
12 000r/min，10min 离心
↓
弃上清液，加 100 μl 70% 乙醇
↓
转动管子，洗涤沉淀物
↓
弃上清液，于 50℃烘干
↓
溶于 50μl TE 备用

二、Southern 杂交

对已完成吸印的膜进行预杂交、杂交、洗涤等处理。

膜封入袋内，加 1.25ml 预杂交液，封口
↓
68℃水浴放置 1 h
↓
倒出杂交液，加探针的 150μl 新的（预）杂交液，封口（探针 100℃，5 min，变性后立即 0℃，10 min 处理。加 5μl 探针 DNA 于 150μl 新的预杂交液中）

↓

68℃水浴,放置 1 h

↓

倒出杂交液,将膜放入小烧杯中
加 3.2 ml 洗涤液Ⅰ,室温(25℃)洗涤 5 min

↓

重复一次

↓

倒出洗涤液,加 3.2 ml 洗涤液Ⅱ,68℃洗涤 15 min

↓

重复一次

↓

取出膜置于滤纸上,空气干燥备用

三、显色法检测杂交结果

膜置于片盒中加 10ml 洗涤液洗涤 1min

↓

弃洗涤液,加 20ml 封阻液

↓

25℃,30min

↓

弃封阻液,加 10ml 洗涤液洗涤 30s

↓

取出膜置于袋内,加 4ml 含 Dig-Ap 结合物的封阻液

↓

25℃,30min

↓

取出膜置于片盒中,加 20ml 洗涤液,洗涤 15min

↓

重复一次
↓
弃洗涤液，加 10ml 无底物显色液
↓
放置 2min，间隔摇动
↓
取出膜置于袋内，加入 2ml 含底物显色液
↓
显色结束时，取出膜置于片盒中，
加 10ml 终止液洗涤 5min
↓
加终止液封于袋中
↓
80℃烘干或空气干燥

实验十　蛋白质的诱导表达及 SDS-PAGE 电泳检测

【目的和要求】

1. 了解外源基因在原核细胞中表达的特点和方法。
2. 学习 SDS-PAGE 的基本操作，学会用 SDS-PAGE 检测蛋白。

【实验原理】

蛋白质的表达是目的基因克隆后，蛋白质水平检测的方法之一。通过有无蛋白质的表达可以鉴定是否有插入片段；通过表达

蛋白质的大小可以鉴定插入的片段是否为所需的。在体外表达的蛋白质可用于功能研究如酶活的测定、药物开发；结构研究如蛋白质空间结构的测定；制备抗体等。

原核表达载体除了具备与克隆载体相同的条件外，还必须具有用于外源基因表达的启动子、SD 序列及转录终止子等元件。且在构建过程中应保证阅读框架的正确。

原核表达使用的菌株一般有 JM109，BL21（DE3），Y1090 等。本实验使用的菌株为 BL21（DE3），其在大肠杆菌 BL21 中融合了 ε 噬菌体 DE3 的一个基因，该基因编码 T_7 RNA 聚合酶，所以可以提高 T_7 启动子启动蛋白质表达的水平。

诱导原核表达的原理：将外源基因克隆在含有 lac 启动子的表达载体中，让其在大肠杆菌中表达。先让宿主菌生长，lacI 产生的阻遏蛋白与 lac 操纵基因结合，从而不能进行外源基因的转录和表达，此时宿主菌正常生长。然后向培养基中加入 lac 操纵子的诱导物 IPTG，阻遏蛋白不能与操纵基因结合，则外源基因大量转录并高效表达。故表达蛋白可经 SDS-PAGE 检测或做 Western blotting，用抗体识别之。

影响表达效率的主要因素：

1. 影响转录水平的因素：强启动子、强终止子等。
2. 影响翻译水平的因素：SD 序列、mRNA 稳定性等。
3. 影响蛋白质水平的因素：外源、毒性等。

提高表达水平的措施：

1. 细菌的生长和外源基因的诱导表达分为两个阶段，即化学诱导、温度诱导。
2. 提高蛋白质稳定性，表达融合蛋白，表达分泌蛋白。

蛋白质与 SDS 结合后均带有负电荷，在电场作用下按相对分子量大小在板状胶上排列。SDS 聚丙烯酰胺凝胶的有效分离范围：

（聚）丙烯酰胺%	线性分离范围（kU）
15	12～43
10	16～68
7.5	36～94
5.0	57～212

【教学内容】

1. 外源基因在大肠杆菌中的诱导表达。
2. SDS-PAGE 凝胶电泳检测诱导表达的外源基因。

【实验器材和试剂】

1. 超净工作台、恒温摇床、分光光度计、生化培养箱、离心机。
2. 蛋白质电泳系统、平板电泳槽及配套的玻璃板、胶条、梳子、普通恒压恒流电泳仪。
3. LB 培养基、Amp、IPTG、含外源基因表达质粒的大肠杆菌、对照菌、SDS、丙烯酰胺、N, N′-亚甲双丙烯酰胺（Bis）、四甲基乙二胺（TEMED）、过硫酸胺（Aps）、中分子质量标准蛋白、Tris、巯基乙醇、琼脂、冰醋酸、甘氨酸、考马斯亮蓝 R250。

试剂配制

1. 1.5mol/L Tris-HCl，pH8.8，4℃存放。
2. 0.5mol/L Tris-HCl，pH6.8，4℃存放。
3. 10% SDS。
4. 30% Acr/Bis，29.2g Acr + 0.8g Bis，用双蒸馏水定容至 100ml，过滤备用，4℃存放。
5. 10% Aps（-20℃存放）。
6. 2×上样缓冲液

0.5mol/L Tris-HCl, pH6.8	2ml
甘油	2ml
20%SDS	2ml
0.1% 溴酚蓝	0.5ml
β-巯基乙醇	1ml
双蒸水	2.5ml

室温存放备用。

7. 5×电泳缓冲液

Tris	7.5g
Gly	36g
SDS	2.5g

双蒸水溶解，定容至500ml，使用时稀释5倍。

8. 染色液：0.2g考马斯亮蓝R250＋84ml95%乙醇＋20ml冰醋酸，定容至200ml，过滤备用。

9. 脱色液：医用酒精:冰醋酸:水＝4.5:0.5:5($V:V:V$)。

10. 封底胶：1%琼脂糖（用水配）。

【实验方法】

实验流程（一）诱导表达

1. 含外源基因的表达质粒转化到BL21（DE3）菌株中。

2. 挑取单菌落于5ml Amp⁺ LB培养基（含50μg/ml Amp）培养过夜。

3. 以1%～2%的比例转接于10ml Amp⁺ LB培养基中，37℃恒温摇床，250r/min培养2～3小时，使其OD_{600}值达到0.6左右。

4. 加入5μl 1mol/L IPTG，终浓度达0.5mmol/L，进行外源基因的诱导表达。

5. 同时做一个未用IPTG诱导的阴性对照。

6. 继续培养3h。

7. 4℃低温离心，4 000r/min，10min，收获菌体，弃上清液。

8. 菌体放 -20℃存放备用。

实验流程（二）蛋白质的 SDS-PAGE 电泳

SDS 聚丙烯酰胺凝胶的制备：

1. 安装玻璃板

(1) 将玻璃板清洗干净，晾干。

(2) 将玻璃板插入胶条的凹槽中，放入到电泳槽中（注意正负极）。

(3) 将电泳槽的四个螺丝拧紧（注意，在拧的时候四个螺丝要用力均匀）。

(4) 封底：将 1.5% 琼脂熔化，用尖头吸管深入到电泳槽底部，封底约 1cm，静置。

(5) 插入梳子，在梳子下方 1.5cm 处用记号笔做一个记号，下层的分离胶就灌制到此处。

2. 配制及灌制分离胶

凝胶浓度(/%)	7.5	10	12	15	18	20
双蒸水(ml)	9.6	8.1	6.7	4.7	2.7	1.5
1.5mol/L Tris-HCl (pH8.8)(ml)	5	5	5	5	5	5
10% (W/V)SDS(μl)	200	200	200	200	200	200
Acr/Bis (30%)(ml)	5	6.65	8	10	12	13.2
TEMED(μl)	10	10	10	10	10	10
10% Aps(μl)	100	100	100	100	100	100
总体积(ml)	20	20	20	20	20	20

按上表依次混合水、30%（聚）丙烯酰胺溶液、Tris缓冲液(1.5mol/L pH8.8)和10%SDS，最后加入TEMED（催化剂）和10%过硫酸铵（交联剂），立即灌入两玻璃板的间隙，至记号笔标记处。小心覆盖2ml水（水封的目的是保持胶面平整和防止空气进入，影响凝胶），室温放置约30min。凝固好后，倾出水。用滤纸条吸去多余的水分。

注意：用不同的玻璃吸管吸取不同的溶液。

3．配制及灌制积层胶

凝胶浓度(%)	4
双蒸水(ml)	6.1
1.5mol/L Tris-HCl(pH8.8)(ml)	2.5
10%（W/V）SDS(μl)	100
Acr/Bis (30%)(ml)	1.3
TEMED(μl)	10
10% Aps(μl)	50
总体积(ml)	10

依次混合后，迅速灌入两玻璃板的间隙，灌满。立即插入梳子。注意，梳子有正反之分。避免产生气泡。如果溢出的胶溶液较多，再补加一些胶溶液。室温放置约30min。

4．积层胶聚合完全后，小心拔出梳子（垂直向上）。用电泳缓冲液冲洗加样孔，去除凝胶碎片。将电泳槽与电泳仪连接好（注意正负极），加入Tris-甘氨酸电泳缓冲液，负极一侧要超过加样孔，正极一侧要淹没电极。

5．样品制备

（1）取1ml菌液，12 000r/min离心1min，去掉上清液。

(2) 加入 $25\mu l ddH_2O$，重悬细胞，再加入 $25\mu l\ 2\times SDS$ 凝胶加样缓冲液，混匀。

(3) 100℃沸水浴 10min（蛋白质变性），取出后立即置于冰上。

6. 上样

按预定顺序加样，每人一个样品，取 $10\mu l$ 上样。

每一块胶上一个蛋白质 Marker 和一个未用 IPTG 诱导的阴性对照。

没有上样的孔需要加入 $5\mu l\ 2\times SDS$ 凝胶加样缓冲液（避免上样孔的样品电泳时扩散）。

7. 电泳：140V 电泳。当染料指示到达分离胶底部时，关闭电源停止电泳（约 3h）。

8. 取胶：拔掉电线，将 Tris-甘氨酸电泳缓冲液回收到老师指定的地方。松开螺丝，取出胶板。撬开玻璃板（专用工具），将凝胶移入大平皿中。

9. 凝胶染色、脱色：向平皿中加入考马斯亮蓝染液，覆盖凝胶即可。65℃染色 30min。将染液回收到指定的地方，加入适量脱色液。65℃脱色 30min。倒掉脱色液，用清水冲洗干净。

10. 结果观察：

M：蛋白质 Marker；

1：IPTG 诱导；

2：未经 IPTG 诱导；

3：纯化后得到单一的外源蛋白质。

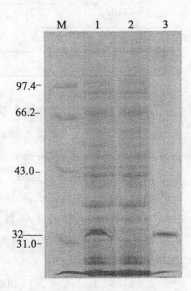

实验十一 PCR 扩增目的基因

【目的和要求】
1. 学习 PCR 体外扩增 DNA 的原理及引物设计的原则。
2. 了解扩增过程中各因素对扩增结果的影响。
3. 掌握 PCR 法的基本操作步骤。

【教学内容】
1. PCR 原理和多种 PCR 方法及其应用介绍。
2. 学习引物的设计。
3. 利用 PCR 技术扩增一已知的基因片段。
4. 电泳检测 PCR 产物。

【实验原理】
PCR (Polymerase chain reaction) 即 DNA 体外扩增技术，其原理类似 DNA 的天然复制过程，是以单链 DNA 为模板、4 种 dNTP 为底物，在待扩增的 DNA 片段两侧与其互补的两个引物，在酶作用下经高温变性、低温退火和中温延伸若干个循环，进行互补链的延伸，使 DNA 成对数级增加。

1. 变性：加热使模板 DNA 在高温（94℃）下变性，双链间的氢键断裂而形成两条单链 DNA。
2. 退火：使溶液温度降至 50~60℃，模板 DNA 与引物按碱基互补配对原则互补结合。
3. 延伸：溶液反应温度升至 72℃，耐热 DNA 聚合酶以单链 DNA 为模板，在引物的引导下，利用反应混合物中的 4 种脱氧核苷三磷酸（dNTP），按 5′-3′方向复制出互补 DNA。

从理论上讲每经过一个循环，样本中的 DNA 量应该增加 1 倍，新形成的链又可成为新一轮循环的模板，经过 25~30 个循环后 DNA 可扩增 10^6~10^9 倍。

典型的 PCR 反应体系由如下组分组成：DNA 模板、反应缓冲液、dNTP、$MgCl_2$、两个合成的引物、Taq 酶等。DNA 体外扩增成功的关键包括两个方面：一是引物设计合理，二是一个良好的反应体系。PCR 进行到一定次数后产物的积累由指数方式向线性方式变化或反应根本停止称为 PCR 的平台效应。

成功的 PCR 有如下特点：特异性（高度特异地产生一个扩增带）；有效性（高效率，较少的循环获得较多的扩增产物）；忠实性（体现在由 DNA 聚合酶诱导的错配率非常低）。

PCR 反应的灵敏度高，极易产生假阳性结果，污染来源主要是样品污染即样品间的交叉污染、产物污染和其他污染、环境污染和实验使用的器材试剂等，因此每次反应都应设立阳性和阴性对照。

PCR 方法包括：传统的 PCR、定量 PCR（测定 mRNA 含量）、反向 PCR（扩增未知序列）、重组 PCR、定点诱变和 DNA 测序分析的 PCR 技术等。应用范围极广，如基础研究、传染病诊断、古生物及进化分析、法医鉴定和考古学研究等。该技术的发明者获 1993 年诺贝尔化学奖。

【实验器材和试剂】

PCR 扩增仪、琼脂糖凝胶电泳系统、DNA 模板、4 种 dNTP、引物 1 和 2、Taq 酶等。

【实验方法】

1. 在 0.5ml Eppendorf 管中建立 25μl 反应体系

	实验样品	阴性对照
ddH_2O	16.5μl	17.5
10×buffer	2.5μl	2.5
2.5mmol/L dNTP	2.0μl	2.0
primer1	1.0μl	1.0
primer2	1.0μl	1.0
template DNA	1.0μl	—
TaqE	1.0μl	1.0

混匀

2. 按下述程序进行扩增

   1. 94°C   预变性   5min

   2. 94°C   变性   40s

   3. 55°C   退火   40s

   4. 72°C   延续   40s

   5. 重复步骤2~4，30次

   6. 72°C   延续   7min

3. 1%琼脂糖凝胶电泳分析结果。

【注意事项】

减少污染的防护措施：

1. 试剂湿热灭菌后小管分装；

2. 加模板DNA后盖紧盖子，打开盖子前离心甩下小液滴，再慢慢打开，防止开盖过快，形成气溶胶。

3. 每次反应都应设立阳性和阴性对照。短波紫外线照射有关物品30min；

4. 器皿类可用稀酸碱泡，使碱基脱嘌呤；PCR管、枪头等一次性使用。

第六部分 开放及综合设计性实验

为了进一步培养学生的动手能力和基本的科学研究素质，将生物化学与分子生物学的小实验对学生进行开放；在做综合设计实验的过程中，学生通过查阅文献资料，设计实验方案，在实验的过程中摸索解决问题的方法，最后完成论文，使学生的创新素质得到培养。

实验一 还原糖的含量测定

A. 斐林试剂热滴定

【实验原理】

还原糖是指含有自由醛基和酮基的单糖类及某些二糖如乳糖、麦芽糖。它们在碱性溶液中能将两价铜离子等金属离子还原，而糖本身氧化成各种羟酸，以此特性可进行糖的定量测定。其测定方法有许多，可参看有关书籍。

本法采用斐林试剂热滴定法，氧化剂是斐林试剂，它是由甲、乙两种溶液组成。甲液含有硫酸铜和次甲基蓝；乙液含有氢氧化钠、酒石酸钾钠和亚铁氰化钾。当甲、乙两液混合时，硫酸铜与氢氧化钠起作用生成蓝色氢氧化铜沉淀，而酒石酸钾钠在碱性溶液中使沉淀的氢氧化铜溶解而成络合物。此络合物与还原糖共热时，两价铜即被还原为一价氧化亚铜（红色沉淀）。氧化亚铜与试剂中亚铁氰化钾反应生成可溶性化合物而不复析出。

斐林试剂中两价铜被还原完毕后才能使次甲基蓝还原为无色，故次甲基蓝在此作为指示剂。

【实验器材和试剂】

1. 斐林试剂甲液：称取 15g 硫酸铜，0.05g 次甲基蓝溶于蒸馏水中并定容至 1L。

2. 斐林试剂乙液：称取 50g 酒石酸钾钠，54g 氢氧化钠，4g 亚铁氰化钾溶于蒸馏水中并定容至 1L。

3. 6mol/L 盐酸：量取浓盐酸 500ml 加蒸馏水至 1L。

4. 6mol/L 氢氧化钠：称取氢氧化钠 240g 溶于蒸馏水至 1L。

5. 标准葡萄糖溶液（0.1%）：精确称取葡萄糖（在 105℃干燥至恒重）1g 溶于蒸馏水中并定容至 1L。

6. 滴定管一套、250ml 三角瓶、电子天平、电炉等。

【实验方法】

1. 空白管测定：取斐林试剂甲、乙液各 5ml，置 250ml 三角瓶中，由滴定管加适量 0.1%标准葡萄糖溶液，在电炉上加热至沸，然后以 4~5s 一滴的速度继续自滴定管中加入标准葡萄糖溶液，滴定至蓝色消失，记下总共所消耗的葡萄糖体积（A）。

2. 样品测定：6~7ml 待测样品溶液（含糖量在 3~4mg/6~7ml），加斐林试剂甲、乙液各 5ml，置 250ml 三角烧瓶中，同空白测定一样操作，记下所耗标准葡萄糖体积（B）。

3. 计算：

$$还原糖\% = \frac{(A-B) \times 葡萄糖浓度(mg/ml) \times 稀释倍数}{吸取 ml 数 \times 样品称重} \times 100\%$$

【思考】

在还原糖的定量测定中,你还了解哪些方法?

B. 血糖测定(酶法)(增加实验)

【目的和要求】

了解血糖测定试剂盒法,掌握血糖酶法测定的基本原理和方法。

【实验原理】

血糖中 β-D 葡萄糖在葡萄糖氧化酶催化下,氧化成葡萄糖酸,并产生过氧化氢,过氧化氢在过氧化物酶催化下,氧化氧的受体——邻联甲苯胺产生有色化合物。在有足够的葡萄糖氧化酶和过氧化物酶存在下,形成有色化合物的量和葡萄糖的量成正比,并在 625nm 处有最大吸收。

【实验材料】

试剂:

1. 1% 邻联甲苯胺溶液:1g 邻联甲苯胺溶于 100ml 无水乙醇,于棕色瓶保存。

2. 醋酸缓冲液(pH5):300ml 0.15mol/L 醋酸(8.7ml 冰乙酸定容至 1L),700ml 0.15mol/L 醋酸钠混合后调 pH 至 5(用氢氧化钠或盐酸)。

3. 葡萄糖氧化酶,辣根过氧化酶:10mg 溶于 10ml 水中,放于 4℃ 保存。

4. 含邻联甲苯胺试剂:150ml pH5 醋酸盐缓冲液,1ml 葡萄糖氧化酶溶液,1ml 过氧化物酶,1ml 1% 邻联甲苯胺溶液,混合后保存在 4℃ 下,可存放 7 周。

5. 标准葡萄糖溶液：100mg 干燥的葡萄糖溶于 100ml 0.3%安息香酸溶液（安息香酸 0.3g 溶于 100ml 水），成 1mg/ml。

器材：试管、试管架、吸量管、722S 分光光度计。

【教学内容】

试剂盒法的应用，氧化酶法测血糖的原理和方法。

【实验方法】

取三支试管，按如下顺序操作：

空白管	蒸馏水	1ml
标准管	标准葡萄糖溶液	1ml
测定管	待测样品（无蛋白血滤液）	1ml

待测样品含糖控制在 $400 \sim 600 \mu g/ml$。每隔半分钟依次向各管加入含邻联甲苯胺试剂 5ml，立即混合并准确反应 10min（夏季反应时间可缩短），在波长 625nm 处，每隔半分钟分别读取光密度值，以空白作为比色时的对照。

按下列公式计算：

$$葡萄糖（mg\%）= \frac{测定光密度}{标准管光密度} \times 稀释倍数 \times 100\%$$

实验二　总糖含量的测定
（苯酚-硫酸法）

【实验原理】

苯酚-硫酸试剂可与游离的或寡糖、多糖中的己糖、糖醛酸（或甲苯衍生物）起显色反应，己糖在 490nm 处（戊糖及糖醛酸在 480nm) 有最大吸收, 吸收值与糖含量呈线性关系。

【实验器材和试剂】

1. 浓硫酸、苯酚、5%苯酚（V/V）、标准葡萄糖或分析纯葡萄糖。

2. 试管、试管架、移液管、量筒、烧杯、离心管、玻璃碾磨器、离心机、分光光度计。

【实验方法】

1. 材料的处理：将 0.5～1g 所测的材料捣碎，用适量蒸馏水、玻璃碾磨器碾磨并分次抽提，混合液离心得抽提液即样品液。

2. 标准曲线制作：取 50μg/ml 的己糖标准溶液 0ml, 0.1ml, 0.2ml, 0.3ml, 0.4ml, 0.5ml 于试管中，用水补足到 0.5ml，加 0.3ml 5%酚溶液，混匀后快速加入 1.8ml 浓硫酸，振荡混匀，室温放置 20min 即可出现橙黄色，以第一管调零点，可于 490nm 处比色测定读 OD 值。以糖含量为横坐标，相应的 OD 值为纵坐标，绘制标准曲线。

3. 样品含量测定：取 0.5 ml 内含 2～25μg 糖量，同样加入 0.3ml 5%酚溶液，混匀后立刻沿管壁加入浓硫酸 1.8ml，振荡混匀，达室温后，可测 490nm 处的 OD 值，从标准曲线上查相应糖含量。

【讨论及注意事项】

1. 几种己糖测定方法中所使用的显色剂，如蒽酮、间苯二酚等，都需要沸水浴加热，而本法不需要，且蛋白质的存在对本法的显色反应影响不大，故也可用于糖蛋白中的己糖测定。除此之外，还可用于己糖甲基化衍生物和 6-脱氧核糖、戊糖的测定。

2. 本法的热量来自浓硫酸与水的混合，因此加浓硫酸时反应快，且立即混匀，试管应大一些，以免烫手。

实验三 糖的硅胶 G 薄层层析

【实验原理】

硅胶 G 是一种添加了粘合剂的硅胶粉,约含 12%~13% 的石膏,它可以把一些物质从溶液中吸附于自身的表面上,利用它对各种物质的吸附能力不同,再用适当的溶剂系统展层,使不同的物质得以分开,使用显色剂显色,得到不同的 Rf 值。糖在硅胶 G 薄层上的移动速度与糖的分子量和羟基数有关,经过适当的溶剂展开后,糖在薄层上的移动速度是戊糖>己糖>双糖>三糖。

【实验器材和试剂】

1. 糖标准溶液:木糖、葡萄糖、果糖和蔗糖 10mg/ml 水溶液。

2. 样品液:多糖的水解液。

3. 展开剂:①乙酸乙酯:乙酸:水 = 2:1:1;②氯仿:甲醇 = 60:40(V/V)。

4. 显色剂:①25%~50%硫酸;②二苯胺 1g,苯胺 1ml 和 85%磷酸 5ml 溶于 50ml 丙酮中。

5. 带密封盖的层析缸、硅胶 G 板、毛细管、100℃的烘箱、电吹风机、试管及试管架。

【实验方法】

1. 将硅胶 G 板于 100℃烘箱活化后冷却至室温,用毛细管点样,点样位置为从硅胶板下端 1.5cm,两侧 2~3cm,每个样品点相距 1~1.5cm,斑点直径 2mm。点一次吹干一次。

2．将展层剂于层析缸中平衡。数分钟后，将硅胶板放入。

3．当展层剂移至距上端 2~3cm 时，取出硅胶板吹干，均匀喷上显色剂，于 100℃ 显色。

4．15~30min 后从烘箱取出，测量 Rf 值。

【思考】
1．薄层层析与其他层析法比较有哪些优点？
2．选用展层剂的依据是什么？
3．糖的显色剂还有哪些？

实验四　血清总胆固醇的测定

【实验原理】
　　用无水乙醇提取血清中的胆固醇，同时沉淀蛋白质，向提取液中加入硫磷铁显色剂，胆固醇与浓硫酸及三价铁作用，生成稳定的紫红色化合物。与同样处理的标准样进行比色，求得其含量。

【实验器材和试剂】
1．胆固醇标准贮存液（1ml 中含 1.0mg）：精确称取干燥重结晶胆固醇 100ml，溶于无水乙醇内（因不易溶解，可稍加温助溶），然后移入 100mg 容量瓶中，加无水乙醇至刻度，贮于棕色瓶中，密塞瓶口置 4℃ 冰箱中。配应用液时，应将其预先恢复至室温。

2．胆固醇标准应用液（1ml 中含 0.04mg）：取上述贮存液 4ml 于 100ml 容量瓶中，用无水乙醇稀释至 100ml 刻度，贮存于棕色瓶中，放冰箱保存，使用时应先恢复至室温。

3．铁贮存液：称取六水三氯化铁 2.5g，溶于 87％磷酸内，并磷酸加至 100ml，贮存于棕色瓶中，此液在室温中可长期保存。

4．显色剂：取铁贮存液 8ml，加浓硫酸至 100ml，此液在室温可保存 6～8 周。

5．浓硫酸（AR）。

6．无水乙醇（AR）。

7．722S 分光光度计、刻度吸管等。

【实验方法】

1．取小试管 1 支，准确吸取 0.1ml 血清于管底，加入无水乙醇 4.9ml，混匀，静置 10min，以 2 000r/min 离心 10min。吸取上清液置另一洁净的小试管中备用。

2．另取 3 支大试管标明"测定"、"标准"和"空白"并按下表配制。

试剂（ml）	管别		
	测定	标准	空白
上清液	2.5	—	—
胆固醇标准溶液（每 ml 含 0.04mg）	—	2.5	—
无水乙醇	—	—	2.5
显色剂（沿管壁慢慢加入）	2.5	2.5	2.5

立即振荡 15～20 次，置室温下冷却 10min，以空白管调零点，用 550nm 波长进行比色，测定各管光密度。

3．计算

$$血清总胆固醇 \text{mg}\% = \frac{测定管吸光度}{标准管吸光度} \times 0.04 \times 100 \div 0.02$$

【思考】

脂质的定量测定方法有很多,在今后的应用中可参看其他书籍。

实验五 维生素 B_2(核黄素)荧光测定法

【实验原理】

核黄素能形成一种具有黄绿色荧光的黄色溶液。它在稀溶液中,440~500nm 波长下测定的荧光强度与核黄素的浓度成正比。根据其在还原后的荧光差数,可测定核黄素的含量。

【实验器材和试剂】

1. 3% 高锰酸钾溶液:将高锰酸钾 3g 溶于水,稀释至 100ml,每星期配制一次。

2. 核黄素标准溶液(0.5μg/ml):取储备液(25μg/ml)1ml,稀释至 50ml,临用前配制。

3. 荧光红钠储备溶液(50μg/ml):50mg 荧光红钠溶于 1 000ml 水中。

4. 荧光红钠应用液(0.05μg/ml):1ml 储备液稀释至 1 000ml。

5. 硫代硫酸钠:固体,粉末状。

6. 冰醋酸。

7. 荧光分光光度计、玻璃器皿等。

【实验方法】

1. 样品提取

(1) 称取含有核黄素 5～10μg 的均匀样品于 125ml 锥形瓶中，加入 50ml 0.1mol/L 盐酸，置于高压下蒸煮 30min。

(2) 将样品冷却，用氢氧化钠调至 pH6.0（因核黄素在碱性溶液中不稳定，滴加碱液时边加边摇，避免局部碱性过强），再迅速用 1mol/L 盐酸调至 pH4.5，使杂质沉淀。

(3) 用水稀释至 100ml，过滤。如样品量过大，可过滤后稀释，样品稀释度由所用标准液浓度来定。

2．滤液酸化

(1) 取两个试管（A），分别加入 10ml 滤液和 1ml 水。

(2) 另取两个试管（B），分别加入 10ml 滤液和 1ml 核黄素标准液（0.5μg/ml）。

(3) 以上四个管各加 1ml 冰醋酸。

3．纯化

(1) 每个试管各加入 0.5ml 3％高锰酸钾，混匀后放置 2min 以充分氧化样品内的杂质。

(2) 另取两个试管（C），分别加入 10ml 滤液和 1ml 水及 1ml 冰醋酸，然后向两支试管中各加入 20mg 硫代硫酸钠，使样品中的杂质与核黄素都还原成无荧光物质，再摇动，使核黄素与空气接触而被氧化，测其荧光。

(3) 在 A、B 管内各加 0.5ml 3％双氧水（其不宜过量，以免产生气泡，影响荧光读数），混匀，10s 内褪去颜色。

4．荧光测定

(1) 用荧光红钠溶液调整指针，使之每次都在一定的读数上（如 50～80）。

(2) 滤液加水的荧光读数为 A。

(3) 滤液加标准液的荧光读数为 B。

(4) 滤液内加硫代硫酸钠的荧光读数为 C。

5．计算

$$\frac{A-C}{B-A} \times \frac{标准溶液（\mu g/ml）}{10ml\ 滤液} \times 稀释倍数 \times \frac{1}{样品重量}$$
$$=核黄素浓度（\mu g/ml）$$

附加第二种方法
【实验原理】
　　核黄素在 pH4~9 的条件下，用 450nm 波长的光激发，可发出波长为 520nm 的荧光。在核黄素的含量为 0.1~10μg 范围内，荧光的强度，与核黄素浓度成正比，硫代硫酸钠可消除核黄素的荧光性。

【实验器材】
　　1．标准核黄素溶液：1.0μg/ml。
　　2．样品液：含核黄素 0.01~10μg/ml。
　　3．荧光红钠溶液：5μg/ml。
　　4．荧光消光剂：0.2g 硫代硫酸钠，加水溶解至 10ml。
　　5．0.1mol/L 盐酸。
　　6．荧光分光光度计、容量瓶等。

【操作方法】
　　1．仪器定位：在每次测定前，均需用荧光红钠溶液作为标准对荧光分光光度计定位。调好激发波长 450nm，荧光波长 520nm。调好荧光强度为 100。
　　2．标准核黄素荧光测定：吸取样品液 10ml，加入标准核黄素溶液 1ml，用 0.1mol/L 盐酸调至 pH5.0，测定荧光强度为 A。
　　3．样品荧光强度测定：各吸取 10ml 样品液于试管中，分别加入 1ml 蒸馏水和 1ml 消光剂溶液。用 0.1mol/L 盐酸调至 pH5.0，于荧光光度计中测定各自的荧光强度。加水者为 B，加消光剂者为 C。

4. 计算

$$\text{核黄素浓度 (μg/ml)} = \frac{B-C}{A-B} \times \frac{\text{标准溶液 (μg/ml)} \times \text{标准液体积 (ml)}}{\text{样品液体积 (ml)}}$$

【思考】

维生素种类很多，各自的测定方法不同，应用时请参看其他书籍。

实验六 酪蛋白的制备

【实验原理】

牛乳中主要的蛋白质是酪蛋白，含量约为 35g/L。酪蛋白是一些含磷蛋白的混合物，等电点为 4.7。利用等电点时溶解度最低的原理，将牛乳的 pH 调到 4.7 时，酪蛋白就沉淀出来。用乙醇洗涤沉淀物，除去脂类杂质后便可得到纯的酪蛋白。

【实验器材和试剂】

牛乳、95% 乙醇、无水乙醚、0.2mol/L pH 4.7 的醋酸-醋酸钠缓冲液、乙醇-乙醚混合液（1:1）（V/V）、离心机、抽滤装置、精密 pH 试纸或酸度计、电炉、烧杯（500ml）、温度计。

【实验方法】

1. 将 100ml 牛乳放到 500ml 烧杯中，加热到 40℃，在搅拌下慢慢地加入预热到 40℃、pH4.7 的醋酸-醋酸钠缓冲液 100ml。用精密 pH 试纸或酸度计调 pH 至 4.7。

将上述悬乳液冷却至室温，离心（3000 r/min）10min，弃去上清液，或 4 层纱布过滤，得酪蛋白粗制品。

2. 用少量水洗沉淀 3 次，离心（3000 r/min）10min，弃去上清液。

3. 在沉淀中加入 30ml 乙醇，搅拌片刻，将全部悬乳液转移至布氏漏斗中抽滤，用乙醇-乙醚混合液洗沉淀 2 次，最后用乙醚洗沉淀 2 次，抽干。

4. 取出沉淀，摊开在表面皿上去除乙醚，干燥后得酪蛋白纯品。称重量，计算百分含量。

【思考】
1. 为什么酪蛋白可在等电点 pH 下沉淀下来？
2. 为什么可以用有机溶剂洗涤蛋白质沉淀？

实验七　温度和 pH 对唾液淀粉酶活性的影响

【实验原理】

酶都是蛋白质，具有许多极性基团，在不同的酸碱环境中，这些基团的游离状态不同，所带电荷不同，只有当酶蛋白处于一定的游离状态下，酶才能与底物结合。所以酶的活性受环境 pH 的影响极为显著。通常各种酶只有在一定的 pH 范围内才表现它的活性，一种酶表现其最高活性时 pH 的值，称为该酶的最适 pH。低于或高于最适 pH 时，酶的活性逐渐降低。不同酶的最适 pH 值不同，酶的最适 pH 受到底物及缓冲液的性质的影响。

温度对酶活性有显著的影响，在一定的范围内，温度升高酶促反应加快，反之则降低。当温度升到一定值时，酶活性最高，此温度称为该酶的最适温度。高于此温度，酶蛋白变性，逐渐失活,反应速度下降。

本实验以唾液淀粉酶在不同的温度和pH下对淀粉的作用为例观察温度和pH对酶活性的影响,淀粉的水解程度用其与碘液的呈色反应加以区别。

【实验器材和试剂】

0.5%淀粉溶液(含0.3%氯化钠)(新鲜配置),碘-碘化钾溶液(4g碘及碘化钾6g溶于100ml蒸馏水中,于棕色瓶中保存),0.2mol/L磷酸氢二钠溶液,0.1mol/L柠檬酸溶液,20支干净试管,10ml、5ml、1ml吸量管各一支,试管架、吸耳球等。

【实验方法】

1. 漱口后收集唾液,用漏斗加少量脱脂棉过滤,滤液稀释100倍备用。
2. pH对酶活性的影响
(1) 缓冲液的配制

锥形瓶号	0.2mol/L磷酸氢二钠(ml)	0.1mol/L柠檬酸(ml)	缓冲液pH
1	5.15	4.85	5.0
2	6.61	3.39	6.2
3	7.72	2.28	6.8
4	9.08	0.92	7.4
5	9.72	0.28	8.0

(2) 底物的准备

6支干燥的试管编号,依次加入不同pH的缓冲液各3ml,第6号试管与第3号相同。再向每个试管中添加0.5%淀粉溶液

2ml,摇匀。

(3) 酶促反应时间测定

向第6号试管加入稀释100倍的唾液2ml,摇匀后放入37℃恒温水浴中保温。每分钟取1滴混合液于白瓷板上,加1滴碘化钾-碘溶液,呈橙黄色时取出试管,记录时间。

(4) 最适pH测定

以1min的间隔,依次向1~5号试管中加入稀释200倍的唾液2ml,摇匀,同样以1min间隔,将5只试管放入37℃恒温水浴中保温,反应至所需时间。依次取出,立即加入碘化钾-碘液2滴,充分摇匀。观察颜色,可看出不同pH值时淀粉被水解的程度,不同pH值对唾液淀粉酶活性的影响,并确定其最适pH。

3. 温度对酶活性的影响

(1) 取三支试管按下表操作:

试 剂	管 号		
	1	2	3
1%淀粉溶液(ml)	1	1	1
放置条件	沸水浴	37℃	冰浴
稀释唾液(滴)	4	4	4

加毕,分别按上述条件继续放置10min。

(2) 从三支试管中取出溶液1滴于反应板上,加上1滴碘液,观察呈色现象,记录结果并解释其原因。

【思考】

1. 为什么可以用碘化钾-碘溶液检查唾液淀粉酶活性情况?
2. 酶反应的pH是否是一个常数?它与哪些因素有关?这些性质对于选择测定酶活性的条件有什么意义?

实验八　琥珀酸脱氢酶及丙二酸的抑制作用

【实验原理】

琥珀酸脱氢酶是三羧酸循环中一个重要的酶,测定细胞中有无琥珀酸脱氢酶活性可以初步鉴定三羧酸循环途径是否存在。

琥珀酸脱氢酶能使琥珀酸脱氢生成延胡索酸,并将脱下的氢交给受氢体。用甲烯蓝作受氢体时,甲烯蓝被氢还原生成无色的甲烯白。其反应如下:

琥珀酸 + 甲烯蓝 → 延胡索酸 + 甲烯白 + 蓝酸

丙二酸是琥珀酸脱氢酶竞争性抑制剂。

细菌量越多或脱氢酶活性越高甲烯蓝脱色所需时间越短,因此,甲烯蓝脱色所需时间的倒数可用来表示酶的活性或细菌生长的情况。

由于甲烯蓝容易被空气中的氧氧化,所以实验需在无氧条件下进行。可用液体石蜡封闭反应液。

【实验器材和试剂】

斜面菌种管 1 支（本实验用大肠杆菌）（也可选用新鲜猪心）、0.02mol/L 琥珀酸钠溶液、0.001mol/L 甲烯蓝溶液、0.15mol/L pH7.3 磷酸缓冲液、0.04mol/L 丙二酸溶液、液体石蜡、试管 5 支、吸量管（0.5ml,1.0ml 各一支）、电热水浴锅。

【实验方法】

（一）琥珀酸脱氢酶活力检查

1. 在 1 支斜面菌种管中加入约 5ml, 0.15mol/L, pH7.3 缓

冲液,用玻璃棒刮下斜面上的菌体,振荡,倒入离心管中,2500r/min 离心 5min,倾出洗涤液,菌体再加入 6ml,0.15 mol/L,pH7.3 磷酸缓冲液,振荡,制成菌悬液待用。

2. 取两支试管各加入 1ml 0.02mol/L 琥珀酸钠溶液,1ml,pH7.3,0.15mol/L 磷酸缓冲液,0.3ml,0.001mol/L 甲烯蓝溶液。在 1 支试管中加入 1ml 菌悬液,另一支试管加入已煮沸 5min 的菌悬液 1ml(冷却后加入)作对照。混匀立即加入 0.5~1ml 液体石蜡。

3. 将试管于 37℃ 水浴恒温反应,观察记录甲烯蓝变色所需时间。

(二)丙二酸对琥珀酸脱氢酶的抑制作用

取 3 支试管编号,按下表加入试剂:

试剂(ml) 管号	0.02mol/L 琥珀酸钠	0.04mol/L 丙二酸	蒸馏水	0.001mol/L 甲烯蓝	pH7.3 0.15mol/L 磷酸缓冲液	菌液 (最后)
1	1	0	1	0.3	1	1
2	1	1	0	0.3	1	1
3	1	0	1	0.3	1	1(煮)

先在试管中加入琥珀酸钠、丙二酸钠、水、磷酸缓冲液、甲烯蓝等试剂,混匀后,立即加入一层液体石蜡,于 37℃ 恒温反应,从加入液体石蜡开始记录甲烯蓝变白所需时间。注意:①第三管加入的菌液预先用沸水煮 5min 作为对照管;②观察变色时不要振动试管,以免氧气漏入管内影响变色。

【思考】

1. 琥珀酸脱氢酶在三羧酸循环中的地位如何?写出它的辅

酶的名称及英文缩写。

2. 实验中管内为什么要加液体石蜡？如何证明琥珀酸的脱氢反应是受琥珀酸脱氢酶催化的？

实验九　药用植物过氧化物酶同工酶分析及活性比较

【实验原理】

蛋白质和酶都是生物体遗传物质——染色体结构基因 DNA 的初级或次级产物，可以看做是结构基因的一种外部标记物。不同种乃至不同变种的生物不但外部形态有变异，由于结构基因的差别，其表达产物酶和蛋白质也必然存在着一定的差别。所以同工酶分析作为一种遗传分析手段已广泛应用于品种资源调查、杂交子代测定、种子纯度鉴定等农林业各个领域，在指导生产方面发挥了很大的作用。此外，同工酶分析对研究不同产地、不同种属生物间的亲源关系和开发利用药物植物资源方面也有积极的意义。

本实验采用聚丙烯酰胺凝胶电泳分析比较过氧化物同工酶，并用愈创木酚法测定其活性。

【实验器材和试剂】

1. 电泳所用试剂同第二部分"常规聚丙烯酰胺凝胶电泳"。
2. 测活试剂：愈创木酚、联苯胺、冰乙酸、乙酸钠、硫酸锰、过氧化氢。

【实验方法】

1. 样品液制备：取材料茎部 1g 加两倍冷纯净水，在冰箱预先冷却的研钵中充分研成匀浆，然后离心（3 500r/min,

20min），加等体积甘油和少许溴酚蓝指示剂即可。

2. 凝胶制备（按"常规聚丙烯酰胺凝胶电泳"），加样量 40μl/孔，电压180V，电泳时间2.5～3h。

3. 染色：0.5g 联苯胺溶于 250ml 10％冰乙酸，配成联苯胺母液。1.35g 愈创木酚溶于 250ml 10％冰乙酸，配成母液。染色液为 100ml 0.2mol/L 乙酸钠溶液，10ml 5mmol/L 硫酸锰溶液，25ml 联苯胺母液，40ml 愈创木酚母液，25ml 0.12％过氧化氢溶液（临用前配制）。凝胶洗出后转移至染色液中，37℃恒温下放置 30min，显色后，置 7％乙酸中保存，绘图或照相。

实验十　谷丙转氨酶的活性测定

【目的和要求】

谷丙转氨酶活性测定的基本原理；掌握谷丙转氨酶活性测定的方法。

【实验原理】

血清谷丙转氨酶（SGPT）能催化丙氨酸与酮戊二酸生成谷氨酸和丙酮酸，丙酮酸在酸性条件下与 2, 4-二硝基苯肼可缩合成丙酮酸二硝基苯腙，该腙在碱性条件下呈现出橙红色，呈色深浅符合比尔定律，在 520nm 处有最大吸收。SGPT 在肝脏中含量最高，当某种药物对肝脏造成损害或在病毒肝炎的急性阶段，由于肝细胞损害，该酶逸出血液，可使 SGPT 含量明显增高。因此测定血清谷丙转氨酶的活性可作为肝中毒肝病的重要指标。

【实验材料】

试剂：

1. 丙酮酸标准溶液：准确称取 22mg 纯净丙酮酸钠，用 pH7.4 磷酸缓冲液定容至 100ml。

2. SGPT 底物溶液：准确称取 α-酮戊二酸 87.6mg，dl-丙氨酸 5.34g，先用 90ml 0.1mol/L pH7.4 的磷酸缓冲液溶解，然后用 20% NaOH 溶液调至 pH7.4，再以上述磷酸缓冲液稀释至 300ml，冰箱保存可用一周（加氯仿防腐）。

3. 0.1mol/L pH7.4 的磷酸缓冲液。

4. 2,4-二硝基苯肼溶液：称取 19.8mg 2,4-二硝基苯肼，置于 100ml 容量瓶中，先用 8ml 浓盐酸溶解后，再加水稀释至刻度。

5. 0.4mol/L 氢氧化钠溶液。

器材：恒温水浴锅、722S 分光光度计、吸量管、试管及试管架。

【教学内容】

测定 SGPT 活性的意义，实验的原理和操作方法及注意事项。

【实验方法】

1. 标准曲线的绘制：取干燥洁净试管 6 支，编号，按下表所示添加试剂。

试剂 \ 管号	0	1	2	3	4	5
丙酮酸标准液(ml)	0.00	0.05	0.10	0.15	0.20	0.25
SGPT 底物溶液(ml)	0.50	0.45	0.40	0.35	0.30	0.25
磷酸缓冲液(ml)	0.10	0.10	0.10	0.10	0.10	0.10

将试管置于 37℃ 水浴中保温 10min，平衡管内外温度，然后

向每管加 0.5ml 2,4-二硝基苯肼，再保温 20min，分别向各管加入 0.4mol/L 氢氧化钠溶液 5ml，室温下静置 10min 后，用蒸馏水调零点，于 520nm 处测光密度。以各管光密度减去空白管光密度为纵坐标，丙酮酸微克数为横坐标作标准曲线。

2. SGPT 活力测定：取洁净干燥试管 4 支，即测定管、对照管各 2 支，按下表添加试剂。

试　剂	测定管	对照管
血清（ml）	0.1	0.1
SGPT 底物溶液（ml）	0.5	—
37℃水浴 30min		
2,4-二硝基苯肼溶液（ml）	0.5	0.5
SGPT 底物溶液（ml）	—	0.5
37℃水浴 20min		
0.4mol/L 氢氧化钠溶液（ml）	5.0	5.0

各管反应完毕，混匀，室温下静置 10min 后，再以蒸馏水调零点测定光密度。由标准曲线上查得丙酮酸微克数，根据下式计算 SGPT 的活力：SGPT 活力（单位）=（测定管微克数−对照管微克数）/2.5×0.1。

【注意事项与思考】

1. 在呈色反应中，2,4-二硝基苯肼可与有酮基的化合物作用形成苯腙，底物中 α-酮戊二酸可与之发生反应，生成 α-酮戊二酸苯腙。故制作标准曲线时，需要加入一定量的底物以抵消 α-酮戊二酸的影响。

2. 在测定 SGPT 活力时，应事先将底物、血清在 37℃水浴中恒温,然后在血清管中加入底物,准时计时。

3．标准曲线上数值在 20~100U 是准确可靠的,超过 200U 时,需将样品稀释。

4．丙氨酸应使用 DL-型,不使用 D-型。如使用 L-型,用量减半。

5．溶血标本不宜使用,因血细胞内转氨酶活力较高,会影响测定结果。

6．在测酶活力时,为什么对试剂配制、试剂用量、血清用量、温度和作用时间均要严格控制?

7．为什么测定酶活力时既要有对照又要有空白?

实验十一　离子交换法制备肝素

【实验原理】

肝素(Heparin)广泛存在于各种动物组织,被认为起源于结缔组织的肥大细胞,在组织中和蛋白质结合。肝素是一类酸性粘多糖,分子量约 12 000U,对碱和热较稳定。它的分子由二硫酸双糖及三硫酸双糖组成。单糖组分有三种：α-D-葡萄糖醛酸,2-脱氧-2-氨基-α-D-葡萄糖-N-6-二硫酸酯、β-L-艾杜糖醛酸-2-硫酸酯。

因肝素在生物体内以与蛋白质结合的复合物形式存在,必须将后者与肝素分离,常用的是盐解和酶解法,然后加热过滤将其除去。由于肝素分子在碱性条件下有很强的负电性,所以在一定的 pH 和离子强度下可被阴离子交换树脂吸附,能使溶液中的肝素富集千倍以上,经洗脱、沉淀就可以获得效价 100U/mg 左右的粗制品。

测定肝素的方法主要有生物测定法、紫外分光光度法、化学法。肝素分子具有强负电性，能与带正电荷的分子结合生成复合物。天青A是一种碱性染料，和肝素生成的复合物表现出"光异色现象"，即改变染料原有的吸收光谱。控制染料浓度，在pH8.6介质中肝素浓度低时，505nm的光吸收与肝素浓度的关系符合朗-比尔定律。

【实验器材和试剂】

试剂：氯化钠（固体）、1mol/L HCl、40% NaOH、1mol/L NaOH、1.4mol/L NaCl、3mol/L NaCl、5mol/LNaCl、1% NaCl、D254树脂、95%乙醇、丙酮、五氧化二磷、精密pH试纸、肠粘膜或猪肝2kg、巴比妥缓冲液（pH8.6，0.05mol/L）（称取1g氢氧化钠溶于50ml沸水，再精确称取二己基巴比妥酸505 2g溶于上述溶液中，冷却后稀释至500ml，pH计校正到pH8.6）、0.1%阿拉伯胶溶液（称取0.5g，先用少量水分散，再稀释至500ml，过滤备用）、0.1%天青A溶液（称取0.5g，先用少量水在研钵中研磨溶解，再稀释至500ml，过滤，冰箱储备。用时再稀释5倍）、肝素标准溶液（准确称取一定量的肝素标准品，用灭菌水配成100U/ml的标准溶液，冰箱暂放，用时以水稀释100倍）。

器材：烧杯、试管、试管架、玻棒、磁力搅拌器、电炉、吸滤瓶、布氏漏斗、离心机、722分光光度计、100ml容量瓶、真空干燥器、真空泵、水浴锅、滤纸、布袋。

【实验方法】

1. 提取（盐解法）

新鲜猪肠粘膜2kg（或猪肝捣碎），加入氯化钠80g（4%浓度），搅拌溶解后用40%氢氧化钠溶液调pH至9.0（用广泛pH试纸），水浴加热至50~55℃搅拌提取2h，然后升温至90℃保持10min，冷却至60℃用布袋过滤，取滤液待离子交换用。

2. 离子交换

将滤液用水稀释3倍,加入D254树脂(氯型)120g(按投料量6%,W/W),慢速搅拌6h(可每隔1h抽样测定提取液中剩余肝素的含量),过滤取树脂。

3. 洗涤、洗脱

取离子交换后的树脂先用自来水洗净,而后用蒸馏水洗净。取洗净树脂加入等体积1.4mol/L氯化钠溶液慢速搅拌1h,过滤取树脂。继续用0.5倍体积的5mol/L氯化钠溶液慢速搅拌2h,过滤收集滤液(取样测含量)。树脂再加入0.5倍体积的3mol/L氯化钠溶液,慢速搅拌1h,过滤,滤液收集(取样测含量)。树脂再用0.5倍3mol/L氯化钠溶液慢速搅拌2h,过滤,滤液收集(取样测含量),合并三次洗脱滤液。

4. 粗制肝素

取合并滤液加入1.5~2倍体积的95%乙醇洗一次,丙酮洗两次,真空干燥即得粗品肝素。

5. 精制肝素

称取粗制肝素粉末用1%氯化钠溶液(预冷却)适量溶解,调pH 1.8左右,离心15min,上清液经砂心漏斗去除离心液表面的脂肪。悬液在水浴上加热至80~90℃,滴加0.0003mol/L高锰酸钾溶液(按0.1~0.2mol/亿单位),用滤纸法检测终点,滤液加入30%过氧化氢,调pH至11,放置36h(冰箱内)。抽滤,滤液调pH至6.4,加入1倍体积的95%乙醇,离心,沉淀用95%乙醇洗二次,丙酮洗两次,真空干燥即得精制肝素。

6. 天青法测定效价

(1)标准曲线的制作:取较大试管(易混匀)6支,以0~5编号,按下表操作。加入阿拉伯胶后必须摇匀方可加入染料,混匀后用722型分光光度计测505nm处吸收值,以吸收值为纵坐标,单位数为横坐标绘制标准曲线。

(2)样品测定:精确称取样品约10mg,先配成1mg/ml溶液，再以 2 个 100ml 容量瓶稀释为 1mg/100ml 溶液、2mg/100ml 测定液，按下表操作并记录吸收值，分别从标准曲线上查出相应单位数，按下式计算样品效价，取平均值。

试管号	0	1	2	3	4	5	样品 1	样品 2
肝素标准溶液(ml)	0	1	2	3	4	5	2	2
蒸馏水(ml)	5	4	3	2	1	0	3	3
巴比妥缓冲液(ml)	1	1	1	1	1	1	1	1
阿拉伯胶液(ml)	1	1	1	1	1	1	1	1
天青 A 液(ml)	1	1	1	1	1	1	1	1
A 值(505nm)								
单位数								

$$效价\ P = (P_i \times V) / (V_i \times S_w)$$

单位为 U/mg，式中 P_i 为由 A 值在标准曲线上查出的单位数；V 为测定样品的总毫升数；V_i 为测定所用样品的毫升数；S_w 为称取样品的毫克数。

实验十二　mRNA 的分离

【实验原理】

哺乳动物细胞的绝大部分 mRNA 在其 3′ 端均有一 poly（A）尾，因此可以用 oligo（dT）-纤维素亲和层析法从大量的细胞 RNA 中分离 mRNA。在构建 cDNA 文库时，必须经上述纯化步骤制备 mRNA 模板。进行 Northern 杂交或 Sl 核酸酶作用图分析时，与总 RNA 相比，采用 poly（A）+ RNA 能获得更为满意的结果。可以按照 Gilham（1964）所述方法制备 oligo（dT）-纤维素，也可以买现成的产品。

【实验方法】

1. 用 0.1mol/L NaOH 悬浮 0.5~1.0g oligo（dT）-纤维素。
2. 将悬浮液装入灭菌的一次性层析柱或装入填有用 DEPC 处理并经高压灭菌的玻璃棉的巴斯德吸管中，柱床体积为 0.5~1.0ml，用 3 倍柱床体积灭菌水冲洗柱床。柱床体积为 1ml 的 oligo（dT）-纤维素最大量为 10mg 总 RNA，如果总 RNA 的量较少，则应减少 oligo（dT）-纤维素的使用量，以防止 poly（A）+RNA 在过柱以及后续步骤中损失。
3. 用无菌的 1× 层析柱加样缓冲液冲洗柱床，直至流出液的 pH 值小于 8.0。1× 层析柱加样缓冲液为：20mmol/L Tris-HCl（pH7.6），0.5mol/L NaCl，1mmol/L EDTA（pH8.0），0.1%SDS。

可按以下方法制备灭菌的层析柱加样缓冲液：将适量无 RNA 酶的 Tris-HCl（pH7.6）、氯化钠和 EDTA 贮存液混合在 15lbf/in2（1.034×10^5Pa）高压下蒸汽灭菌，待其冷却至 65℃左右时加入已在 65℃预热 30min 的 10%SDS 贮存液。也可以用 0.05mol/L 柠檬酸钠代替 Tris-HCl，然后用 DEPC 处理柠檬酸钠-NaCl-EDTA 和 SDS 的混合溶液。

4. 用灭菌水溶解 RNA，于 65℃温育 5min 后迅速冷却至室温，加等体积的 2× 层析柱加样缓冲液，上样，立即用灭菌的试管收集洗液。当所有的 RNA 溶液均进入柱床后，加 1 倍体积的 1× 层析柱加样缓冲液，继续收集洗出液。加热 RNA 可以破坏 poly（A）尾的二级结构。
5. 当全部溶液流出后，将收集液置于 65℃温育 5min，重新上样，并收集流出液。
6. 用 5~10 倍柱床体积的 1× 层析柱加样缓冲液洗柱，分部收集洗出液，测定每一收集管的 OD_{260}。最后由于不带 poly（A）

的 RNA 洗过柱床,OD_{260}会很高,后来 OD_{260} 值则很小或为零。在某些方案中,上述步骤后还用 5 倍柱体积的含 0.1mol/L NaCl 的 1×层析柱加样缓冲液洗柱床,然而由于洗出的不带 poly (A) 的 RNA 很少甚至没有,因此这一步骤可以省略。

7. 用 2~3 倍柱床体积的经灭菌且无 RNA 酶的洗脱缓冲液洗脱 mRNA,以 1/3~1/2 柱床体积分部收集洗脱液。洗脱缓冲液:10mmol/L Tris-HCl (pH7.6),1mmol/L EDTA (pH8.0),0.05% SDS。

用于配制洗脱缓冲液的 Tris-HCl 和 EDTA 贮存液应为新近高压处理的溶液,可用适量的灭菌水稀释上述贮存液配制洗脱缓冲液。洗脱缓冲液不能高压处理,因高压处理会使溶液产生大量气泡。

8. 收集液置于透明的小容器内,测定 OD_{260},使用前比色杯须用浓盐酸-甲醇 (1:1) 浸泡 1h,再用经 DEPC 处理并高压处理过的水彻底冲洗,合并含有 RNA 的洗脱组分。经上述一轮 oligo (dT)-纤维素亲和量层析后得到的 RNA 中,带与不带 poly (A) 的 RNA,其含量近乎相等。如欲进一步纯化 mRNA,可将洗脱液于 65℃ 温育 3min,迅速冷却至室温,加入 NaCl 至终浓度为 0.5mol/L,用同一 oligo (dT)-纤维素柱进行第二轮层析。

9. 收集 oligo (dT)-纤维素柱层析的洗脱液,在 mRNA 溶液中加入 3mol/L 乙酸钠 (pH5.2) 至终浓度为 0.3mol/L,混匀。加 2.5 倍体积用冰预冷的乙醇,混匀,冰浴至少 30min。

10. 于 4℃ 以 10 000×g 离心 15min,回收 poly (A) + RNA,小心弃去上清液,用 70% 乙醇洗涤沉淀(通常看不见沉淀),离心片刻,在空气中晾干核酸沉淀。

11. 用少量水重溶 RNA,置于比色杯内,测定 OD_{260},使用前比色杯须用浓盐酸-甲醇 (1:1) 浸泡 1h,再用经 DEPC 处理并高压处理过的水彻底冲洗。

12. 将 mRNA 溶液由比色杯移至聚丙烯离心管内,加 3 倍体积乙醇,混匀,于 -70℃ 保存备用。回收 RNA 时,只需取出一小份贮存液,加 3mol/L 乙酸钠(pH5.2)至终浓度为 0.3mol/L,混匀,用微量离心机于 4℃ 以 12 000×g 离心 5min 即可。

【结果说明】

1. $OD_{260}=1$ 的溶液其 RNA 含量约为 $40\mu g/ml$。
2. 从 107 个哺乳动物培养细胞中可获得 $1\sim5\mu g$ mRNA,所得 mRNA 通常只占上柱的总 RNA 的 $1\%\sim2\%$。
3. 现可直接从公司购买纯化试剂盒。

实验十三 标记亲和素生物素法
(BA-ELISA)

【实验原理】

BA-ELISA 是在常规 ELISA 原理的基础上,结合生物素(B)与亲和素(A)间的高度放大作用,而建立的一种检测系统。亲和素是卵白蛋白中提取的一种碱性糖蛋白,分子量为 68kU,由 4 个亚单位组成,对生物素有非常高的亲和力(结合常数高达 $1015M^{-1}$)。生物素很易与蛋白质(如抗体等)以共价键结合。这样,结合了酶的亲和素分子与结合有特异性抗体的生物素分子产生反应,既起到了多级放大作用,又由于酶在遇到相应底物时的催化作用而呈色,达到检测未知抗原(或抗体)分子的目的。

【实验器材与试剂】

1. 生物素化抗体：可根据需要从生物制品所购买，也可以自制。本室制备生物素化抗体的程序是：用 0.1mol/L NaHCO$_3$ 溶液将纯化的抗体稀释为 1mg/ml，将生物素酰-N 羟基丁二酰亚胺酯（BNHS，国内有售）用二甲基甲酰胺溶解，浓度为 20mg/ml，在 1ml 抗体溶液中加 BNHS 液 20μl，混匀后置室温（22℃）反应 2h，然后在 4℃ 中对 PBS 透析 24h，滴定工作浓度后即可使用。

2. 酶标记的亲和素：一般生物制品研究所均有销售，可按其说明书进行稀释及使用。

器材参考 ELISA 部分。

【实验方法】

方法一　用于检测未知抗原的 BA-ELISA：

1. 包被抗体：用 0.05mol/L pH9.6 碳酸盐缓冲液将已知抗体作适当稀释，在每个聚苯乙烯酶标板的反应孔中加 0.1ml，于 4℃ 过夜（18～24h）。次日，弃去孔内溶液，用洗涤缓冲液洗 3 次，每次 3min（简称洗涤，下同）。

2. 加样：加入待检样品（未知抗原）或作适当稀释的标准参考品于反应孔中，同时作空白孔、阴性和阳性孔对照。37℃ 孵育 1h，洗涤。

3. 加 B-Ab：已作适当稀释的生物素化抗体（B-Ab），每孔加 0.1ml，37℃ 孵育 30～60min。洗涤。

4. 加 A-HRP：已作适当稀释的辣根过氧化物酶标记的亲和素（A-HRP），每孔加 0.1ml，37℃ 孵育 30～45min。洗涤 4 次。

5. 底物显色：于上述各反应孔中加入临时配制的 TMB（或 OPD）底物应用液 0.1ml，于 37℃ 孵育 10～30min。再加 2mol/L H$_2$SO$_4$ 0.05ml 以终止反应。

6. 结果判定：目测或在 ELISA 比色仪上测 OD 值（见 ELISA 部分）。

方法二　检测未知抗体的 BA-ELISA 程序：

包被抗原：用 0.05mol/L pH9.6 碳酸盐缓冲液将已知的抗原作适当稀释，于聚苯乙烯酶标板的孔中加 0.1ml，于 4℃放置 18～24h。用洗涤缓冲液洗 3 次，每次 3min。

加样：加适当稀释的待检样品（未知抗体）于反应孔中，同时作空白、阴性和阳性对照孔。37℃孵育 1h，洗涤。

加 B-Ab2：加稀释过的生物素化抗抗体（抗人或鼠等的 IgG），每孔 0.1ml，37℃孵育 30～60min，洗涤。

余下步骤同测未知抗原的 BA-ELISA。

实验十四　藻类多糖的结构与生物活性研究

【引言】

人类在半个世纪前就已经开始注意到微细藻类的利用问题，20 世纪 40 年代，人们发现从硅藻类能产生大量的脂质并成为液体燃料。20 世纪 50 年代，绿藻的小球藻、蓝藻的螺旋藻等可作为食用蛋白质而被注目，后来发现微细藻类可以处理污水、成为鱼和贝类的饵料。20 世纪 60 年代前苏联研究者最先报告了耐盐性绿藻杜氏藻具有产生大量 β-胡萝卜素的能力，以色列、澳大利亚、美国等已经对此进行了企业化生产。海藻作为保健食品日益受到人们的重视，某些营养成分显示出抗炎症、抗肿瘤、降脂等生物活性[1]。藻类细胞壁与细胞外多糖的主要成分是粘多糖，一部分蓝藻的粘多糖的单糖组成已经调查清楚，例如，淡水蓝藻

Rivularia bullata 是由阿拉伯糖和葡萄糖组成，*Calothrix paloinata* 是由半乳糖和甘露糖组成，并均为含有糖醛酸的酸性粘多糖成分；海产蓝藻 *Calothrix scopulorum* 是由半乳糖和葡萄糖组成，含有硫酸酯；*Nostoc commune* 是由半乳糖、木糖和鼠李糖及少量不明糖类组成，含约30%的糖醛酸。多糖类的生物活性与结构有些什么样的关系，已引起人们的高度重视。

【材料和方法】

1. 藻类及培养

大型藻类，到市场上买到，洗静后即可使用；如果是微细藻类，自采的需要纯化，也可以到藻种中心去买含糖量高的种类。

微细藻类的培养，海水的可采用海水-松平-EDTA培养基（其配方为每升培养基中分别加入下面的营养液1ml）。

(1) $NaNO_3$ 100mg，$Na_2HPO_4 \cdot 12H_2O$ 14mg

(2) $NaHCO_3$ 63mg/100ml

(3) FeEDTA：$Fe(SO_4)_3(NH_4)_2SO_4 \cdot 24H_3O$ 1.74mg + 0.66mgNa_2EDTA/100ml；Co-EDTA：$CoSO_4 \cdot 7H_2O$ 4.7μg + 6.3μgNa_2EDTA/100ml；CuEDTA：$CoSO_4 \cdot 5H_2O$ 3.9μg + 5.3μgNa_2EDTA/100ml；MnEDTA：$MnSO_4 \cdot 4H_2O$ 80μg + 135μgNa_2EDTA/100ml。

(4) $Na_2SiO_3 \cdot xH_2O$ 10mg/100ml、Vitamin mixture 适量。

淡水的就是去掉海水换为蒸馏水。

2. 方法（以微细藻胞外多糖为例）

(1) 多糖的纯化是将离心分离出的1 000ml培养液，用40℃真空浓缩到50ml，再移入到透析袋内于4℃蒸馏水中透析三天。早晚更换一次蒸馏水，将透析袋内液体倒入烧杯，边搅拌边加入4倍体积99%乙醇，4℃过夜。11 000r/min离心得到沉淀，冷冻干燥获得粗多糖。经DEAE-sephacel柱层析，0～2mol/L氯化钠梯度洗脱进一步纯化,纯度以醋酸纤维薄膜电泳法[2]鉴定。

(2) 分子量的测定是使用 TSK-GEL.G300SWXL (7.8mm×300mm 柱) GPC 的高效液相层析 (HPLC) 法。移动相为 1% 三己基胺,检测使用示差屈折计 (YRU-880RI-UI 检测器), 同样条件下以 Pulluna-ShodexSTANDARDP-82 (分子量分别为 5.9, 11.8, 22.8, 47.8, 112, 212, 404, 788kU) 为标准。

(3) 粘度使用 TokimecEMD 回转粘度计测定, 测定条件为 25℃, 回转锥形种类是 1°34′, 糖浓度为 0.5%。

(4) 旋光度使用 JASCO.DIP-370 偏光光度计测定, 测定条件是 16.9℃, 糖浓度是 0.24%。

(5) 元素分析采用的是原子光谱吸收法。

(6) 硫酸基定量采用 Rhodizonic acid 法[3]。

(7) 薄层层析是将多糖完全水解后, 取 0.5ml 过微量树脂 Dowex1 (乙酸型) 柱, 先用纯水洗脱, 收集中性部分, 再用 0.2mol/L 乙酸洗脱, 收集酸性部分, 点样于硅胶板 (Kieselgel60, 10×10cm) 上, 使用展开剂(醋酸乙酯:醋酸:水 = 2:1:1) 展开, 50% 硫酸喷雾后, 100℃ 使其炭化, 根据炭化斑点的 Rf 值鉴定糖类。

(8) 气相层析是把多糖 1mg 用三氟乙酸完全水解后, 制成糖醇-乙酰化诱导体后进行的, 实验条件为 TC-I 柱(0.25mm×20mm), 气化室温度:230℃, 柱温:140~210℃, 以 1.3℃/min 升温, 载气为氮气, 氢离子炎检测。

(9) 糖醛酸的定量采用 Sulfated acid-carbazole 反应法[4]测定。

(10) H^1-NMR 光谱分析是将纯多糖溶解于重水, 冷冻干燥, 重复两次, 以丙酮 δ2.23 为内部标准。光谱是在用质子照射和费林变换装备完全的 INOVA-600 光谱仪, 600MHz、20℃ 条件下测定的。

将不同组分的多糖或寡糖进行生物活性分析, 有活性的进行结构分析。

【参考文献】

[1] Miao Hui-nan, Fang Xu-tong, Jiao Bing-hua. Oitline and Perspective of Research and Development of Marine Biological Resources. Amino Acids and Biotic Resources. 1999, 21 (4), 12

[2] Nihonkagakukai, Saccharo-chemstry (lower), Tokyoukagakudojin, 148~149, 1976

[3] Louis J. Silverstri, Analysis of sulfate in complex carbohydrates, Ana. Biochen., 123, 303~309, 1982

[4] Midori K. Physics and Chemistry Dictionary, Iwanami Bookshop, 47, 1981

[5] Eue F. Polysacchdes Biochemistry, Kohrits Press, 147, 1969

学生综合设计性实验论文选阅

Cu^{2+}胁迫条件对涡虫体内过氧化氢酶活性的影响

赵江沙　曾兆　熊渊

(武汉大学生物学基础课实验教学中心，湖北，武汉，430072)

摘要：本实验以0.25ppm、0.5ppm、1.0ppm、2.0ppm四种浓度的$CuSO_4$溶液培养东亚三角头涡虫（*Dugesia japonia*）48h后，提取其体内蛋白质并测定其过氧化氢酶（CAT）的活性。

测定结果：涡虫体内 CAT 酶活性依次为 12.59U/mg 蛋白、23.74U/mg 蛋白、18.37U/mg 蛋白、18.72U/mg 蛋白。以自来水为对照，其相应的酶活性为 18.78U/mg 蛋白。实验结果表明：低浓度下 Cu^{2+} 刺激 CAT 酶活性增加，而在高浓度下，由于涡虫耐受力的存在而使涡虫的 CAT 酶活性维持在正常水平（与对照组差异不大）。当 Cu^{2+} 浓度达到 4ppm 时所培养的涡虫不到 24h 全部死亡。

关键词：Cu^{2+} 胁迫　东亚三角头涡虫　过氧化氢酶（CAT）

生物体内许多酶促反应和非酶促反应都能产生 H_2O_2，它是有毒害作用的活性氧的前体。过氧化氢酶（简称 CAT）可非常有效地催化 H_2O_2 的分解，使其失去活性氧的作用，保护机体[1]。重金属离子是目前水污染的一种重要因素，同时一些重金属元素也是生物必需元素，重金属离子量的不同对生物机体会产生不同影响。因而研究重金属离子对 CAT 酶活性影响有较大现实意义。目前在这一方面的研究主要集中在体外条件下重金属离子对 CAT 酶活性影响以及重金属离子胁迫条件对一些水生植物 CAT 酶活性的影响[2][3][4]。本实验以涡虫为材料，通过研究 Cu^{2+} 胁迫条件下其体内 CAT 酶活性的变化，以求从酶学水平上解释涡虫对 Cu^{2+} 胁迫环境的反应特性，并以此为涡虫作为环境指示生物的研究提供参考。

1．材料与方法

1.1　实验材料

东亚三角头涡虫（*Dugesia japonia*）[5]，用猪肝于武汉大学枫园食堂后水沟中钓取；$CuSO_4$（A.R）；

二十四孔细胞培养板；恒温培养箱；玻璃匀浆器；752 型紫外分光光度计。

1.2　实验方法

1.2.1　涡虫的胁迫培养及蛋白质提取

选取个体大小相差不大的涡虫，以二十四孔细胞培养板进行培养。培养液采用以去离子水配制的 0.25ppm、0.5ppm、1.0ppm、2.0ppm $CuSO_4$ 溶液,每个浓度下培养涡虫 48 条(即采用两个二十四孔细胞培养板)。于 22℃恒温培养箱中培养 48h。

分浓度取出培养后涡虫,以去离子水洗涤两遍,再以 pH7.0 的磷酸缓冲溶液(KH_2PO_4 以 NaOH 调节 pH)洗涤一遍。用玻璃匀浆器匀浆,再以 9 000r/min 低温离心 20min,去上清液。

1.2.2 总蛋白质含量的测定

采用考马斯亮蓝法[6]测定各蛋白质提取液中总蛋白质的含量。

1.2.3 CAT 酶活性的测定

采用贝尔斯-西策尔斯(Beers-Sizers)法(改进型)测定 CAT 酶活性[6]。

实验操作按表 1 进行。

表 1　贝尔斯-西策尔斯(Beers-Sizers)法(改进型)测定 CAT 酶活性操作方法

底物溶液	1.00ml
pH7.0 磷酸缓冲溶液	1.90 ml
混合,调温至 25℃,检查吸光度,加	
酶溶液	0.10ml
混合,于 240nm 处以蒸馏水为参比测定每分钟吸光度的降低值	

酶活性定义为:一个过氧化氢酶单位相当于在规定条件下于温度 25℃,pH7.0 每分钟分解 $1\mu mol$ 过氧化氢所需酶量。酶活性计算公式为:

$$(3 \times E_{240}) / (0.0436 \times E_w) = U/mg 蛋白$$

其中 E_{240} 为 240nm 处每分钟内吸光度的降低值,E_w 为每 0.1ml 所用酶液中蛋白质的含量。

2. 结果

通过试验测定,各种[Cu^{2+}]浓度下CAT酶活性值列于表2,CAT酶活性对应[Cu^{2+}]的曲线图见图1。由表2和图1可以看出当[Cu^{2+}]浓度在0.25~0.50ppm范围,CAT酶活性增加;当[Cu^{2+}]浓度在0.5~1.00ppm范围,CAT酶活性下降;在[Cu^{2+}]为2.00ppm高浓度下,涡虫的CAT酶活性基本维持在正常水平(与对照组差异不大)。

表2 不同[Cu^{2+}]胁迫培养48h后涡虫体内CAT酶活性值

	1	2	3	4	5
Cu^{2+}浓度	自来水	0.25ppm	0.5ppm	1.0ppm	2.0ppm
CAT酶活性	18.78U/mg蛋白	12.59U/mg蛋白	23.74U/mg蛋白	18.37U/mg蛋白	18.72U/mg蛋白

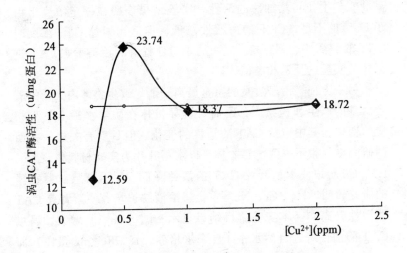

图1 Cu^{2+}胁迫培养48h后涡虫CAT酶活性与Cu^{2+}的相关性

3. 讨论

从实验结果可以看出，在 0.25ppm [Cu^{2+}] 的溶液中，涡虫 CAT 酶活性只有自来水中涡虫 CAT 酶活性的 67.0%，而在 0.5ppm [Cu^{2+}] 的溶液中涡虫 CAT 酶活性是自来水中涡虫 CAT 酶活性的 126.4%。我们推测应存在两个方面的影响因素。

一方面，Cu^{2+} 对 CAT 的酶活性可能是必要的，虽然对 CAT 的研究表明 Cu^{2+} 不是酶结构的组成成分，同时在 CAT 中存在大量的-SH，环境中 Cu^{2+} 的存在可能会导致酶结构的变化从而影响到酶的活性，但在适当浓度下，Cu^{2+} 是生物体所必需的微量元素之一，在生物体内具有重要的生物学功能。它能作为一些生物体内酶的辅基成分，或成为电子传递的中心原子[7]。因而缺乏 Cu^{2+} 将影响到生物机体一些正常功能的实现。由于铜蛋白或铜酶多数为参加氧化还原的酶，个别起运送氧的作用[7]，故而在缺乏 Cu^{2+} 时 CAT 酶的功能不能正常实现，同时在适当范围内提高 [Cu^{2+}] 则可增加酶的活性。实验结果表明在一定浓度下由于 Cu^{2+} 的不足，CAT 的酶活性较低，但适当增加 Cu^{2+} 浓度时 CAT 的酶活性显著升高。这一结果与任虹等利用扁玉螺 CAT 进行体外实验的报道相类似[2]。

另一方面，由于过量的重金属离子能导致生物体内大量的氧自由基的产生和积累[3]，因而可诱导机体在酶学水平上发生相应的变化，其中包括 CAT 酶活性的变化。但目前有关这一方面的研究结果很不一致。葛才林等以水稻叶片为实验材料发现 Cu、Hg、Cd 胁迫使水稻叶片 CAT 酶活性降低[3]；而董慧对紫背萍的研究表明，Hg、Cr、Ni 等重金属溶液胁迫培养使紫背萍 CAT 酶活性升高[4]。本实验所得结果显示：随 [Cu^{2+}] 增大，涡虫 CAT 酶活性跨过自然水平（自来水培养，18.78U/mg 蛋白）而达到 0.5ppm 下的 23.74U/mg 蛋白，CAT 酶活性增加 26.4%。这说明当 Cu^{2+} 过量时，其诱导了涡虫体内 CAT 酶活性的升高。这可能是由于过量的 Cu^{2+} 对涡虫的机体造成了一定的损伤，因而导致其体内发生氧自由基的产生和积累,迫使其增加 CAT 酶活性来对环境加以适应。

由试验结果看来,保证涡虫正常 CAT 酶活性的 $[Cu^{2+}]$ 大约为 0.39ppm,这与任虹等利用扁玉螺 CAT 进行体外实验的报道有较大差异,其结果表明当 $[Cu^{2+}]$ 为 10^{-6} mol/L(约为 0.064 ppm)时,对 CAT 酶有最大促进作用[2]。我们认为这是由体内和体外的实验方法的差异造成的,即体内实验由于机体吸收和代谢机制的影响,使得溶液中的 Cu^{2+} 实际浓度要远大于其在体内作用的有效浓度。此外,实验材料的差异也会使实验结果有较明显的差别。

从现有的相关研究结果看来,高浓度的重金属溶液对 CAT 酶活性的作用表现为抑制或刺激。但从本实验结果看来,在高浓度 Cu^{2+} 的胁迫下,涡虫的 CAT 酶活性水平在经历一个下降过程后便保持稳定,且基本维持在自然水平。其中 Cu^{2+} 分别为 1.0ppm、2.0ppm 时,涡虫体内 CAT 酶活性分别为 18.37U/mg 蛋白、18.72U/mg 蛋白,其分别为自然条件下 CAT 酶活性水平的 97.8% 及 99.7%。

在高 Cu^{2+} 浓度下,经 48h 培养,涡虫开始出现死亡现象。而实验所用的涡虫则是经培养后仍存活的个体,对死亡个体则进行了舍弃。由此并结合实验结果,我们认为在高 Cu^{2+} 浓度下涡虫的 CAT 酶活性水平保持稳定,且基本维持在自然水平是由涡虫对 Cu^{2+} 耐受力的个体差异造成的。

由于涡虫存在着个体差异,即不同个体对 Cu^{2+} 耐受力不同,其体内 CAT 酶活性水平随 Cu^{2+} 浓度的变化的改变也有较大差异。耐受力差的个体通过提高自身的 CAT 酶活性(这由试验结果可以说明)来减弱或解除 Cu^{2+} 的影响,这是一种被动的反应。而耐受力较强的个体可能不提高自身的 CAT 酶活性,而是通过其他的形式或途径阻止过量的 Cu^{2+} 进入体内来维持体内 $[Cu^{2+}]$ 的稳定。由于 CAT 酶活性的限制,当 $[Cu^{2+}]$ 继续升高时，耐受力较弱的个体由于酶活性的限制，很容易中毒死亡，而是耐受力较强的个体存活下来，结果是在浓度的变化中，涡虫CAT酶的活性首先由于耐受力较低的个体的死亡而下降，最终由于耐受力较强的个体的存在而使CAT酶活性维持在自然水平。涡虫的个体差异在我们以涡虫作为环境指示生物的研究中也有类似的表现。我们已有的研究结果证明，在更高的Cu^{2+}浓度下（4ppm）所培养的涡虫在不到24h内全部死亡解体。这说明耐受力也存在一定的限度。当$[Cu^{2+}]$超过涡虫对Cu^{2+}的耐受力的限度，而体内又缺乏相应的补救措施（增强酶活性）时，具有较高Cu^{2+}耐受力的涡虫也迅速死亡。

Influence of Cu^{2+} on the Activity of *Dugesia Japonia* Catalase (CAT)

Zhao Jiangsha Zeng Zhao XiongYuan
Xie Zhi Xiong Guo Yi Qing Shao Xueling
(Experimental Centre of Basic Courses, Life Science College,
Wuhan University, Wuhan, 430072)

Abstract: This experiment trains *Dugesia japonia* after 48 hs with CuSO₄ solution of four kinds of density, 0.25ppm, 0.5ppm, 1.0 ppm, 2.0 ppm. Draw its internal protein and determine the activity of Catalase (CAT). The result: enzyme activity is successively 12.59 U/mg protein, 23.74 U/mg protein, 18.37 U/mg protein, 18.72 U/mg protein while with tap water enzyme activity is 18.78 U/mg protein. The experimental result shows: Cu^{2+} stimulates the activity of Dugesia Japonia Catalase (CAT), but under the high density, make the activity of *Dugesia Japonia* Catalase (CAT) maintain the normal level because of existence of tolerance (the difference against contrast group's is not big).

　　Key words: Cu^{2+} intimidate, *Dugesia japonia*, catalase(CAT)

【参考文献】

[1] 袁勤生. 现代酶学[M]. 上海:华东理工大学出版社,2001.9

[2] 任虹,杨洪,宁黔冀等. 重金属对扁玉螺过氧化氢酶活性的影响研究[J]. 海洋科学,2002,24(2):54~55

[3] 葛才林,杨小勇,朱红霞等. 重金属胁迫对水稻叶片过氧化氢酶活性和同工酶表达的影响[J]. 核农学报,2002,16(4):197~202

[4] 董慧. 几种重金属对紫背萍过氧化氢酶活性的影响. 云南环境科学,1999,18(2):13~15

[5] 王安所、和振武. 动物学专题[M]. 北京:北京师范大学出版社,1991,55

[6] B.斯德尔乌赫(德)著. 钱嘉渊译. 酶的测定方法[M]. 北京:中国轻工业出版社 1992,8

[7] 王夔. 生物科学中的微量元素[M]. 北京:中国计量出版社 1991,5

不同家禽蛋类营养成分的比较

戴政　付琼　甘菲

(武汉大学生命科学学院实验教学中心,湖北,武汉,430072)

　　摘要:蛋类是人们生活中的重要食品,本实验通过比较土洋鸡蛋及鸭蛋中的几种主要营养物质蛋白质、胆固醇、卵磷脂的含量,得到如下结果:鸡蛋中蛋白质在种类及含量上都多于鸭蛋,而土鸡蛋中的蛋白质含量又多于洋鸡蛋;卵磷脂含量最高的为鸭蛋,然后依次为土鸡蛋和洋鸡蛋;土鸡蛋中含有最高量的胆固醇,洋鸡蛋次之,最低的为鸭蛋。

　　关键词:土鸡蛋　洋鸡蛋　鸭蛋　营养成分

　　家禽类以产蛋的方式繁殖后代,蛋是它们繁衍的重要途径。蛋中所含蛋白质的氨基酸组成非常适合人体需要,利用率高达

99.6%,是天然食物中最理想的优质蛋白质。脂肪主要集中在蛋黄内,蛋清中几乎没有。蛋黄中的胆固醇含量很高。蛋中钙、磷、铁等无机盐含量较高,蛋黄中的又比蛋清中的高。蛋中还含有丰富的维生素 A、D 及 B_1、B_2,主要存在于蛋黄中,蛋清中维生素 B_2 较多[1]。由于人体生长发育对这些营养物质所需的量不同,如胆固醇等过多摄入对人体特别是老年人的健康不利,易引发心血管疾病,因此不同的人食用的蛋的种类和数量应有不同。本实验用不同的方法对家禽蛋的蛋白质、磷脂及胆固醇这三种主要的有机营养成分进行了测定并比较,可为人们选择适合自己食用的禽蛋提供依据。

1. 材料与方法

1.1 材料

鸭蛋、洋鸡蛋、土鸡蛋(购于武汉国大菜场)。

化学试剂均为国产,AR 级。

1.2 方法

选取新鲜鸭蛋、洋鸡蛋、土鸡蛋各一枚,打碎,分离蛋清和蛋黄。分别进行下列分析。

1.2.1 聚丙烯酰胺凝胶电泳[2]分析不同种蛋的蛋清蛋白质的种类。

1.2.2 考马斯亮蓝法[3]测定不同种蛋的蛋清蛋白质含量。

1.2.3 改良 Abell 法[4]测定不同种蛋的蛋黄胆固醇含量。

1.2.4 钼蓝法[5]测定不同种蛋蛋黄卵磷脂含量。

2. 实验结果

2.1 不同蛋类中蛋白质种类(如图 1)

2.2 考马斯亮蓝法测蛋白质含量

鸭蛋清蛋白质浓度为 181.4mg/ml;洋鸡蛋清蛋白质浓度为 212.9mg/ml;土鸡蛋清蛋白质浓度为 283.5mg/ml。

2.3 不同蛋类中胆固醇含量

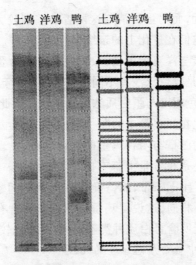

图1 土鸡蛋、洋鸡蛋和鸭蛋 PAGE 图谱
(左边为电泳图谱,右边为模式图)

种类	鸭	土鸡	洋鸡
蛋清胆固醇含量(mg/ml)	0.392	0.673	0.632
蛋黄胆固醇含量(mg/ml)	19.6	33.6	31.6

2.4 不同蛋类中磷脂含量

种类	鸭	洋鸡	土鸡
吸光度	0.342	0.247	0.320
蛋黄卵磷脂含量(mg/ml)	27.5	20.1	26.0

3. 讨论

3.1 卵清的蛋白质种类比较

由 PAGE 电泳图谱可以看出,土鸡蛋卵清与洋鸡蛋卵清的电

泳图谱十分相近,而鸭蛋卵清与这两者的差别较大。这也从一个侧面反映出了它们在进化上的亲缘远近关系。

比较土鸡蛋与洋鸡蛋的图谱,发现两者所含蛋白质的种类几乎完全相同,只是颜色深浅有不同。结合考马斯亮蓝染色原理,在一定范围内,着色程度与蛋白质浓度成正比。因此,说明土鸡蛋的蛋白质含量要比在洋鸡蛋中的高一些。

再将鸭蛋的图谱与两种鸡蛋的进行比较,发现它们无论是在蛋白质的种类还是在含量上都有比较大的差别。土、洋鸡蛋卵清电泳后都得到了十七条带,而鸭蛋只有十三条,且它们在位置和着色程度上都很不相同,这说明鸡蛋与鸭蛋卵清含有很不相同的蛋白质体系。由于所含蛋白质种类不同,故无法比较其含量。

3.2 卵清中蛋白质总含量的比较

采用考马斯亮蓝 G250 法测得土鸡蛋卵清中蛋白质总量为 238.5mg/ml,比洋鸡蛋的 212.9mg/ml 要高一些,这一结果正好与 PAGE 电泳图谱所显示的一致,证实了土鸡蛋中第八条和第十四条的蛋白质含量确实要比洋鸡蛋的高一些。

鸭蛋卵清中蛋白质总含量仅为 181.4mg/ml,比土洋鸡蛋的明显小一些。这说明鸭蛋卵清中蛋白质不仅种类少一些,而且其总含量也低一些。

3.3 卵黄中胆固醇含量的比较

由实验结果可以看出,鸡蛋卵黄中胆固醇含量较高,其中土鸡蛋约为 33.6mg/ml,洋鸡蛋为 31.6mg/ml,而鸭蛋的比这二者都要低一些,仅为 19.6mg/ml。

蛋类中胆固醇的含量主要由遗传因素决定,但生理因素、日粮和环境因素、健康状况及其他因素对卵黄中胆固醇含量的影响很大。鸭蛋中胆固醇含量比两种鸡蛋的要明显低很多,这可能主要是遗传因素在起作用。因鸭属雁形目,而鸡属鸡形目,二者的种属间差异较大,使得它们的胆固醇含量差异较大。而土鸡和洋鸡只是鸡的不同品种或品系,故其胆固醇含量差别较小。但不同品种和品系的蛋种由于其自身生理代谢特点的不同,必然会有不同的胆固醇代谢及沉积情况。如土鸡主要食用天然谷物,洋鸡则以食用饲料为主,这对它们的卵黄胆固醇含量会产生一定的影响。还有,卵黄中胆固醇浓度与产蛋率呈负相关[6],土鸡的产蛋性能要低于洋鸡,这可能也是造成土鸡品系的胆固醇浓度高于洋鸡品系的主要原因之一。

3.4 卵黄中卵磷脂含量的比较

卵磷脂是一种在动、植物及微生物中分布最广的磷脂,尤其以动物体内含量较高。它是一种营养价值很高的物质。

卵黄中含有丰富的卵磷脂,鸭蛋中约为27.5mg/ml,为三者中最高的,土鸡蛋的次之,为26.0mg/ml,洋鸡蛋的仅为20.1mg/ml,含量最低。因此,从卵磷脂的含量来看,鸭蛋的营养价值最高,其次是土鸡蛋和洋鸡蛋。

3.5 土鸡蛋、洋鸡蛋、鸭蛋营养价值的综合分析与比较

综合以上各实验结果进行分析,可知:土鸡蛋蛋白质含量最高,且卵磷脂的含量也很高,但同时也具有较高的胆固醇含量;洋鸡蛋蛋白质及胆固醇含量稍低一些,但卵磷脂的含量也是最低的;鸭蛋的蛋白质种类较少,含量也最低,但具有最高的卵磷脂含量及最低的胆固醇含量。因此看来,认为土鸡蛋的营养价值高于洋鸡蛋的说法是有一定道理的。

蛋白质和卵磷脂是营养价值很高的物质,尤其对于处于生长发育期的儿童和青少年来说是非常重要的。但是若胆固醇的摄入量过高,对健康会有不利的影响。据报道,摄入的食物胆固醇为100mg/d时,一般无影响,但若每天摄入300～600mg时,血清胆固醇水平平均升高30mg/100ml[6],这对于血清胆固醇含量偏高的老年人是十分危险的。因为血清胆固醇含量过高是引起动脉粥样硬化及心肌梗塞的一种危险因素。低脂肪膳食可防止血清胆固醇水平的升高,并能防止高脂蛋白血症等疾病,因此要避免食用胆固醇含量过高的卵黄。但是,蛋类中的卵磷脂具有抵消食物中摄

入的胆固醇所起的升高血清胆固醇的作用[6]。所以,总的看来蛋类中的胆固醇具有升高血浆总胆固醇和LDL-胆固醇的潜在作用,虽然这种作用在血清胆固醇水平正常的人群中还未体现出来。因此,笔者建议对于血清胆固醇水平较高的老年人,以食用少量鸭蛋为宜,而对于血清胆固醇水平正常的人,尤其是儿童及青少年,在低脂膳食的基础上,适量食用鸡蛋(每天1~2枚),尤其是土鸡蛋,是非常有益的。

Compare of Fowl Egg Component Nutrition

Dai Zheng Fu Qiong Gan Fei

Guo Yi-qing Shao Xueling

(Experimental Centre of Basic Courses, Life Science College,
Wuhan University, Wuhan, 430072)

Abstract: Eggs are the important food in people's everyday life, so we compare the content of protein, lecithin and cholestanol in our experiment, and get the result as follow:

The chicken's egg contains more protein than duck's egg in kinds and content, and the egg of chicken kept in the country have more protein than that from the city. The duck's egg have the most lecithin, then the chicken's egg, and the country chicken's egg contains most cholestanol, and the duck's egg has the lowest.

Key words: Fowl egg, Compare Nutrition

【参考文献】

[1] 戴有盛. 食品的生化与营养[M]. 北京:科学出版社,1994,137

[2] 李如亮. 生物化学实验[M]. 武汉:武汉大学出版社,1998,57

[3] 李如亮. 生物化学实验[M]. 武汉:武汉大学出版社,1998,93

[4] 蔡武城,袁厚积. 生物物质常用化学分析法[M]. 北京:科学出版

社,1982,34

[5] 汤文浩,韩天权,张圣道. 测定胆汁胆固醇和磷脂的简捷方法[J]. 上海医学检验杂志,1994,9(2),122

[6] 尹靖东,齐广海,霍启光. 低胆固醇鸡蛋的营养学意义及其研究进展[J].2000 动物营养研究进展,2001,207~213

新技术介绍

(一)生物芯片简介

21世纪是生命科学的世纪。人类基因组计划已经完成,蛋白质组计划已经启动。基因序列数据及蛋白质序列数据正在以前所未有的速度增长。然而怎样去研究如此众多基因及蛋白质在生命过程中所担负的功能就成了全世界生命科学工作者共同的课题。生物芯片正是在这种背景下应运而生的。生物芯片不仅在高通量基因测序、基因表达研究方面已经发挥了重要的作用,也将在后基因时代研究蛋白质功能及蛋白质间的相互作用方面发挥极其重要的作用;也必将在临床基因诊断中占据重要的地位。生物芯片技术是生命科学研究中继基因克隆技术、基因自动测序技术、PCR技术后的又一次革命性技术突破。

狭义的生物芯片是将生物分子(寡聚核苷酸、cDNA、基因组DNA、多肽、抗原、抗体等)固定于硅片、玻璃片、凝胶、尼龙膜等固相介质上形成的生物分子点阵。在待分析样品中的生物分子与生物芯片的探针分子发生杂交或相互作用后,利用激光共聚焦显微扫描仪对杂交信号进行检测和分析。在此基础上发展的微流体芯片,则是将整个生物成分进行高通量检测。它是将生命科学研究中所涉及的许多分析步骤,利用微电子、微机械、化学、物理技术、传感器技术、计算机技术,使样品检测、分析过程连续化、集成化、微型化。

生物芯片技术是一种高通量、并行检测的技术,它包括基因芯片、蛋白芯片及芯片实验室三大领域。

1. 基因芯片(Genechip)又称 DNA 芯片(DNAChip)。基因是载有生物体遗传信息的基本单位,存在于细胞的染色体上。将大量的基因片段有序地、高密度地排列在玻璃片或纤维膜等载体上,称之为基因芯片。它是在基因探针的基础上研制出的,所谓基因探针只是一段人工合成的碱基序列,在探针上连接一些可检测的物质,根据碱基互补的原理,利用基因探针到基因混合物中识别特定基因。它将大量探针分子固定于支持物上,然后与标记的样品进行杂交,通过检测杂交信号的强度及分布来进行分析。在一块1平方厘米大小的基因芯片上,根据需要可固定数以千计甚至万计的基因片段,以此形成一个密集的基因方阵,实现对千万个基因的同步检测。

2. 蛋白质芯片与基因芯片的基本原理相同,但它利用的不是碱基配对而是抗体与抗原结合的特异性即免疫反应来检测。蛋白质芯片是选择一种固相载体能够牢固地结合蛋白质分子(抗原或抗体),使蛋白质在其上形成微阵列,即蛋白质芯片。如果加入与之特异性反应的带有特殊标记的蛋白质分子(抗体或抗原),两者结合后,通过对标记物的检测来实现抗原抗体的互检,即蛋白质的检测。

3. 芯片实验室是基因芯片技术和蛋白质芯片技术进一步完善和向整个生化分析系统领域拓展的结果,是生物芯片技术发展的最高阶段。为高度集成化的集样品制备、基因扩增、核酸标记及检测为一体的便携式生物分析系统,它最终的目的是实现生化分析全过程全部集成在一片芯片上,从而使现有的许多繁琐、费时、不连续、不精确和难以重复的生物分析过程自动化、连续化和微缩化,属未来生物芯片的发展方向。由于芯片实验室是利用微加工技术浓缩整个芯片实验室所需的设备,化验、检测以及显示等都会在一块基因芯片上完成,因此成本相对极为低廉,使用非常方便。

(二)生命科学中的毛细管电泳(Capillary Electrophoresis in Life Science)

毛细管电泳(CE)是一种高效、快速、微量、高灵敏度和可以自动化的新颖分离分析技术。毛细管电泳在生命科学中的应用研究是当今分析化学的重要前沿。生命科学中的毛细管电泳技术主要包括:

1. 基因工程

以甘露醇改性非胶筛分介质为基础,结合聚合酶链反应(PCR)开展一系列基因分析研究。例如基因诊断研究,打下了以核酸多态性为基础的重要疾病标志物检测及预警的基础;又如种子基因分析,使毛细管电泳有可能成为真假种子鉴别的首选技术。

2. 手性药物拆分

毛细管电泳是手性拆分中最具竞争力的手段之一,本成果利用毛细管电泳结合核磁、微量热法、神经网络和分子力学等对145种商用手性药物进行了系统的拆分研究。

3. 蛋白与药物分子相互作用

以蛋白质为代表的生物大分子和以化学合成药物为代表的药物分子之间相互作用的生物特征,在很大程度上影响着药物的药理作用,是当今生命科学中的研究重点之一。毛细管电泳是研究蛋白质化学和这类相互作用的重要手段。已经开展了临床蛋白质和植物种子蛋白质的分析、多种药物和蛋白质相互作用、相互作用中的立体选择性等研究。

4. 毛细管电泳柱系统

柱和介质在内的柱系统研究,包括亲和壁涂电泳毛细管柱、C18壁涂CEC柱、改性非胶筛分系统、无机阴阳离了分离系统和手性分离系统,为测量 DNA 片段提供了一种有效的途径。

5.毛细管电泳仪器及附件

对毛细管电泳仪器的若干关键部件和整机开展了一系列研制工作,为毛细管电泳仪器制造的产业化、商品化和专用化做了必要的准备。已经研制有紫外检测的准商品毛细管电泳仪、半导体激光诱导荧光检测毛细管电泳仪和双通道温控空间温度梯度毛细管电泳仪。

6.毛细管电泳理论模型

从模型理论和叠加原理出发,分别对恒场强和梯度场强下的迁移过程及谱带展宽开展一系列研究工作。提出了可定量优化多种毛细管电泳操作参数的非平衡热力学分离模型,形成了毛细管电泳过程模拟优化软件、非平衡热力学分离模型和计算机教学软件。

(三) USING THE COMPUTER IN BIOCHEMICAL RESEARCH

INTRODUCTION AND THEORY

The modern computer has revolutionized the way we live. Not surprisingly, the computer has also changed the way we do biochemical research. Your first encounter with a computer in this laboratory will probably be while using an instrument that has a computer to control its operation, to collect data, and to analyze data. All major pieces of scientific equipment including UV-VIS spectrometers, high-performance liquid chromatographs, gas chromatographs, nuclear magnetic resonance spectrometers, and DNA sequencers are now controlled by computers. But your use of the computer will not end in the lab. You will use a computer to prepare each laboratory report including graphical analysis of experimental data. If the computer is connected to the Internet, you will greatly broaden its use to some of the following: (1) searching the biochemical literature for pertinent books and journal articles and (2) accessing biological databases that provide nucleic acid and protein sequences and protein structures.

Personal Computing in Biochemistry

It is now possible for most students to purchase a basic computer system at low cost. If a personal computer is not in the budget, most colleges and universities provide students access to campus-wide computer systems as part of tuition and fees. By this point in your studies, you are familiar with the use of a computer, but a few introductory comments are made just to help you get started with computing in the biochemistry laboratory. In terms of equipment, you will need a computer, monitor, printer, and some basic software. Some recommendations for specific hardware and software will be given here, but one must be aware that new products and important upgrades are continually being developed.

For word processing (writing lab reports), basic software programs including Microsoft Word and Word Perfect are most widely used. Software specialized for scientific writing is available but probably not necessary at this level. For many experiments that you complete, you will need to present data in a spreadsheet or graphical form. Current software programs for graphing or spreadsheet or graphing capability include Lotus, Excel, Sigmaplot, Quattropro, Kaleidagraph, and CricketGraph. Some graphs that you prepare from experimental data will be nonlinear. The most common example is Michaelis-Menten graph from enzyme kinetics studies. Since most computers and programs have different methods for dealing with nonlinearity, it is probably best not to connect the data points with a line. Rather, use a curve-fitting routine to get the appropriate line. Alternatively, one could analyze the data using a straight-line method such as the Lineweaver-Burk plot (see Experiment 5).

Throughout this course, your instructor will very likely have specialized software available on computers and will offer help in their application. It is important for your education that you become widely knowledgeable and skilled in the use of the computer and software. It will be a tool that you will continue to use at the home and office. Many new terms will be introduced in this experiment. All words in bold print are defined in a glossary at the end of the experiment.

The Computer and the Internet

If you are using the computer as described above, you are saving time and preparing good-looking lab reports. However, if your computer is not connected to the Internet, then you are not tapping into the vast wealth of biochemical tools and information available. The Internet can be defined, in simple terms, as a worldwide matrix that allows all computers and networks to communicate with each other. If the computer you are using is college owned, then it is probably linked to the Internet, and the college pays the costs for that service. For your own home computer, you may need to subscribe to an internet service and obtain a modem to transmit computer signals a telephone line. Once you are connected to the Internet, many programs are available as freeware, software provided without charge by its creator. In this experiment, we will concentrate on accessing and using programs that are in the public domain (no charge).

After you are connected to the Internet, what are the basic facilities available for use? First, you will be able to communicate by e-mail(electronic mail). Messages containing text, files, and graphics may be sent to anyone who has a computer with an Internet link and an e-mail address. Addresses have three basic components, the user name, an @ sign, and the user's location or domain. Common domains that you will encounter usually have one of the following suffixes: edu(educational institution in the United States), ac(academic institution in the United Kingdom), gov(government), com (commercial organization), and org(other organization). You will need an e-mail program to collect, send, and organize messages. The most popular ones are Eudora and Pegasus(Practice your e-mail skills by sending a message, perhaps a question, to your laboratory instructor and to the author of this book: boyer@hope.edu). Communication among scientists is now done primarily by e-mail. Connected to the Internet, you will also be able to join in list server discussion groups created to share ideas in a common area of interest or in news groups such as USENET. One of the most widely used facilities on the Internet is ability to place and retrieve network data by file transfer protocol(ftp). More detail on ftp's will be given in later sections.

The World Wide Web

The newest and most rapidly growing component of the Internet is the World Wide Web(WWW, also called "the web"). This facility, which was launched in 1992, permits the transfer of data as in multimedia form consisting of text, graphs, audio, and video. The pages are linked together by hypertext pointers so that data stored on computers in different locations may be retrieved via the network by your computer. Web documents are written in a special coded language called HyperText Markup Language(HTML). To access all of the resources on the Web, you will need a browser, an interface program that reads hypertext and displays Web pages on your computer. The most commonly used Web browsers are Internet Explorer and Netscape Navigator. The use of these programs will not be described in detail here as they are constantly changing and students at this level are already familiar with their use. However, a brief summary will be presented.

To access the Web browser is activated. Displayed on the screen will be the home page or starting point for entry into the Web. On this page will be a dialogue box into which you can type text. The dialogue box may ask for "Address", "Netsite", "Location" or "URL" (Uniform Resource Locator). To request a specific Web page from another computer site, type in the Web page address, which is usually in the form http://www.-. The home page, with instructions on the use of the Web site, will then be displayed on the screen. One important feature you will note is that some words on the page are highlighted. If you click the mouse on one of these words (called hyperlinks) your computer will connect to another, related, Web page that provides information on the hyperlink. This feature greatly enhances the use of the Web because related Web sites are connected or linked together and may be quickly accessed by a click of the mouse.

Web addresses that are useful for biochemical research are presented in Tables E1.1 and E1.2. Many of the current Web sites you will need are listed here. However, what about new Web sites that have been established since publication of this book? Millions of new Web sites are created every year. To access these new sites, you need the help of a search engine, a searchable directory that organizes Web pages by subject classification. Major search engines include AltaVista, Excite, HotBot, Lycos, Netscape Search, and Yahoo! As you "surf the Web", you may find sites you wish to save and review at a later data. You use the "bookmark" (Netscape) or "favorite" (Explorer) function to save it for the future.

Table E1.1

Web Database Directories

Name	URL
Pedro's Biomolecular Research tools	http://www.public.iastate.edu/~pedro/research-tools.html
Biology Workbench	http://biology.ncsa.uiuc.edu
CMS Molecular Biology Resources	http://www.sdsc.edu/ResTools/cmshp.html
BioTech	http://biotech.icmb.utexas.edu
Protocol Online	http://www.protocol-online.net
Chen Connection	http://chemconnect.com/news/journals.html
American Chemical society	http://pubs.acs.org/

Table E1.2

Biochemical Databases and Tools

Name	Description	URL
Protein Data Bank(PDB)	Protein structures determined by X-ray and NMR	http://www.rcsb.org/pdb/
European Bioinformatics Institute(EB)	DNA sequences	http://www.ebi.ac.uk/

Name	Description	URL
National Center for Biotechnology information (NCB)	Variety of databases and resources	http://www.nlm.nih.gov/
Swiss-Protein	Protein sequences and analysis	http://www.expasy.ch/tools/
Biocatalysis/Biodegr adatation Database of the University of Minnesota	Microbial metabolism of many chemicals	http://www.labmed.umn.edu/umbbd/index.html
REBASE-The Restriction	Restriction enzyme directory and action	http://rebase.neb.com
Georgia Institute of Technology	Tutorials on PDB and RasMol	http://www.chemistry.gatech.edu/facuity/williams/b Course-information/4582/l abs/rasmol-pdb.html
The Institute for Genomic Research	Collection of genomic databases	http://www.tigr.org/
RasMol (Ras-Mac)	Molecular graphics for proteins	http://www.umass,edu/microbio/rasmol/
Predict Protein	Protein sequence and structure prediction	http://www.embl-heidelberg.de/predictprotein/
Gene Quiz	Protein function analysis based on sequence	http://www.sander.eni.dc.uk/gqsrv/submit

附 录

附录1 常用缓冲液的配制

一、溶液的浓度和缓冲溶液 pH 的计算公式

$$C = (n/V) \text{ 或 } (m/MV), \text{ 单位}(mol/L)$$
$$pH = pKa + \lg(C_B^-/C_{HB})$$

二、一些常用缓冲剂的化合物的酸解离常数

化合物	pK	化合物	pK	化合物	pK
磷酸 K_1	2.12	乙胺	10.67	乙二胺四乙酸 K_1	2.00
K_2	7.20	甲胺	10.70	K_2	2.67
K_3	12.36	柠檬酸 K_1	3.13	K_3	6.16
硼酸	9.23	K_2	4.76	K_4	10.26
碳酸 K_1	6.35	K_3	6.40	邻苯二甲酸 K_1	2.95
K_2	10.32	丙二酸 K_1	2.85	K_2	5.41
二苯胺	0.86	K_2	5.66	巴比妥酸	3.79
草酸 K_1	1.22	酒石酸 K_1	2.96	延胡索酸 K_1	3.02
K_2	4.26	K_2	4.37	K_2	4.39
甲酸	3.75	琥珀酸 K_1	4.18	三羟甲基氨基甲烷	8.08
乙酸	4.73	K_2	5.60	顺丁烯二酸 K_1	1.92
乳酸	3.89	苯甲酸	4.20	K_2	6.22
吡啶	5.19	苹果酸 K_2	5.05	氨水	9.30
羟胺	6.09	甘氨酸 K_1	2.45	组氨酸 K_2	6.10
咪唑	6.95	K_2	9.60	精氨酸 K_2	9.04

三、常用缓冲液的配制举例（pH 受温度影响，下列举例是在室温下）

（一）磷酸氢二钠-磷酸二氢钠缓冲液（0.2mol/L）

pH	0.2mol/L Na_2HPO_4 (ml)	0.2mol/L NaH_2PO_4 (ml)	pH	0.2mol/L Na_2HPO_4 (ml)	0.2mol/L NaH_2PO_4 (ml)
5.8	8.0	92.0	6.9	55.0	45.0
5.9	10.0	90.0	7.0	61.0	39.0
6.0	12.3	87.7	7.1	67.0	33.0
6.1	15.0	85.0	7.2	72.0	28.0
6.2	18.5	81.5	7.3	77.0	23.0
6.3	22.5	77.5	7.4	81.0	19.0
6.4	26.5	73.5	7.5	84.0	16.0
6.5	31.5	68.5	7.6	87.0	13.0
6.6	37.5	62.5	7.7	89.5	10.5
6.7	43.5	56.5	7.8	91.5	8.5
6.8	49.0	51.0	7.9	93.0	7.0

（二）巴比妥钠-盐酸缓冲液

pH	0.04mol/L 巴比妥钠溶液(ml)	0.2mol/L 盐酸(ml)	pH	0.04mol/L 巴比妥钠溶液(ml)	0.2mol/L 盐酸(ml)
6.8	100	18.4	8.2	100	7.21
7.0	100	17.8	8.4	100	5.21
7.2	100	16.7	8.6	100	3.82
7.4	100	15.3	8.8	100	2.52
7.6	100	13.4	9.0	100	1.65
7.8	100	11.47	9.2	100	1.13
8.0	100	9.39	9.4	100	0.70

(三)Tris-HCI 缓冲液(0.05mol/L,25℃)

50ml 0.1mol/L 溶液与 Xml 盐酸混匀后,加水稀释至100ml。

pH	X(ml)	pH	X(ml)
7.10	45.7	8.10	26.2
7.20	44.7	8.20	22.9
7.30	43.4	8.30	19.9
7.40	42.0	8.40	17.2
7.50	40.3	8.50	14.7
7.60	38.5	8.60	12.4
7.70	36.6	8.70	10.3
7.80	34.5	8.80	8.5
7.90	32.0	8.90	7.0
8.00	29.2		

四、常见市售酸碱的浓度

溶质	分子式	分子量(kU)	mol/L	C%	比重	配制1mol/L溶液的加入量(ml)
冰乙酸	CH_3COOH	60.05	17.4	99.5	1.05	57.5
乙酸		60.05	6.27	36	1.045	159.5
甲酸	HCOOH	46.02	23.4	90	1.20	42.7
盐酸	HCl	36.5	11.6	36	1.18	86.2
			2.9	10	1.05	344.8
硝酸	HNO_3	63.02	15.99	71	1.42	62.5
			14.9	67	1.40	67.1
高氯酸	$HClO_4$	100.5	11.65	70	1.67	85.8
			9.2	60	1.54	108.7
磷酸	H_3PO_4	80.0	18.1	85	1.70	55.2
硫酸	H_2SO_4	98.1	18.0	96	1.84	55.6
氨水	$NH_3·H_2O$	35.0	14.8	28	0.898	67.6

附录2 层析技术有关介质性质及数据

一、离子交换纤维素

离子交换剂	活性基团	结构
阴离子交换剂		
中等碱性 AE	氨基乙基	$-OCH_2CH_2NH_2$
强碱性 DEAE	二乙基氨基乙基	$-OCH_2CH_2N(C_2H_5)_2$
TEAE	三乙基氨基乙基	$-OCH_2CH_2N(C_2H_5)_3$
GE	胍基乙基	$-OCH_2CH_2NHC(NH)-NH_2$
弱碱性 PAB	对氨基苄基	$-OCH_2-(C_6H_4)-NH_2$
中等碱性 ECTEOLA	三乙醇胺经甘油和多聚甘油链偶联于纤维素的混合基团	
DBD	苄基化的 DEAE 纤维素	
BND	苄基化萘酰化的 DEAE 纤维素	
PEL	聚乙烯亚胺吸附于纤维素或较弱磷酰化的纤维素	
阳离子交换剂		
弱酸性 CM	羧甲基	$-OCH_2COOH$
中等酸性 P	磷酸	$-H_2PO_4$

续表

离子交换剂	活性基团	结构
强酸性 SE SP- Sephadex	磺酸乙基 磺酸丙基	$-OCH_2CH_2SO_2OH$ $-C_3H_6SO_2OH$
弱碱性 QAE- Sephadex	二乙基(2-羟丙基)季胺	$-C_2H_4N+$ $(CH_2CHOHCH_3)(C_2H_5)_3$

二、常见离子交换树脂的有关性质

类型	商品名称	特性	总交换量(约值)	
			毫克当量/克	毫克当量/毫升
磺酸型 (强酸性阳离子交换剂)	732	聚苯乙烯	≥4.5	
	734	聚苯乙烯		
	Amberlite IR-112	聚苯乙烯	4.2	2.0
	Zerolit 225	聚苯乙烯		
	Dowex 50	聚苯乙烯	4.6	2.0
	Zerolit 215	酚醛		
	华东强酸 42#	酚醛	2.0~2.2	
羧酸型 (弱酸性阳离子交换剂)	101	交联聚甲基丙烯酸		8.5
	724	丙烯酸	1	≥9
	AmberliteIRC-50	丙烯酸	10.0	4.2
	ZEO Karb226	丙烯酸	10.0	2.3
	122	苯酚甲醛缩聚体	3~4	

续表

类型	商品名称	特性	总交换量(约值)	
			毫克当量/克	毫克当量/毫升
季胺型（强碱性阴离子交换剂）	711	聚苯乙烯	≥3	
	717	聚苯乙烯	3.5	
	AmberliteIRA-400	聚苯乙烯	3.0	
	Dowex1	聚苯乙烯	2.5	1.1
	Dowex2	聚苯乙烯	2.6	1.2
	201(多孔强碱)	聚苯乙烯	2.5~3.0	
伯仲季胺型（弱碱性阴离子交换剂）	321	间苯二胺-多乙烯多胺-甲醛缩合体	4~6	
	701	多乙烯多胺,环氧氯丙烷缩合体	≥9	
	AmberliteIR-4B	苯酚	10	2.5
	Dowex3	聚苯乙烯	6.0	2.7
	301	聚苯乙烯	1.0~3.0	
	330	多乙烯多胺,环氧丙烷缩合体	8.5	
	羧甲基纤维素（CMC）	纤维素	0.3~0.7	（弱酸性阳离子交换剂）
	二乙基氨基乙基-纤维素 DEAE-C	纤维素	0.9	（弱碱性阴离子交换剂）
	三乙基氨基乙基-纤维素 TEAE-C	纤维素		（强碱性阳离子交换剂）
	CM-Sephadex A25,A50	葡聚糖		（弱酸性阳离子交换剂）
	DEAE-Sephadex A25,A50	葡聚糖		（弱碱性阴离子交换剂）

三、葡聚糖凝胶的有关技术数据

分子筛类型	干颗直径（μm）	分子量分级的范围		床体积（毫升/克干分子筛）	溶胀最少平衡时间(h)	
		肽及球形蛋白质	葡聚糖（线性分子）		室温	沸水浴
SephadexG-10	40~120	~700	~700	2~3	3	1
SephadexG-15	40~120	~1 500	~1 500	2.5~3.5	3	1
SephadexG-25 粗级 中级 细级 超细	100~300 50~150 20~80 10~40	1 000~ 5 000	100~5 000	4~6	6	2
SephadexG-50 粗级 中级 细级 超细	100~300 50~150 20~80 10~40	1 500~ 30 000	500~ 10 000	9~11	6	2
SephadexG-75 超细	40~120 10~40	3 000~ 70 000	1 000~ 50 000	12~15	24	3
SephadexG-100 超细	40~120 10~40	4 000~ 1 500 000	1 000~ 100 000	15~20	48	5
SephadexG-150 超细	40~120 10~40	5 000~ 400 000	1 000~ 150 000	20~30 18~22	72	5
SephadexG-200	40~120 10~40	5 000~ 800 000	1 000~ 200 000	30~40 20~25	72	5

四、聚丙烯酰胺凝胶的有关技术数据

型号	排阻下限（分子量）	分级分离范围（分子量）	膨胀后的床体积（ml/g 干凝胶）	膨胀所需时间（室温,h）
Bio-gel-P-2	1 600	200～2 000	3.8	2～4
Bio-gel-P-4	3 600	500～4 000	5.8	2～4
Bio-gel-P-6	4 600	1 000～5 000	8.8	2～4
Bio-gel-P-10	10 000	5 000～17 000	12.4	2～4
Bio-gel-P-30	30 000	20 000～50 000	14.9	10～12
Bio-gel-P-60	60 000	30 000～70 000	19.0	10～12
Bio-gel-P-100	100 000	40 000～100 000	19.0	24
Bio-gel-P-150	150 000	50 000～150 000	24.0	24
Bio-gel-P-200	200 000	80 000～300 000	34.0	48
Bio-gel-P-300	300 000	100 000～400 000	40.0	48

注：上述各种型号的凝胶都是亲水性的多孔颗粒，在水和缓冲溶液中很容易膨胀。生产厂家为 Bio-Rad Laboratories, Richmond, California, U.S.A.

五、琼脂糖凝胶的有关技术数据

名称、型号	凝胶内琼脂糖百分含量（W/W）	排阻下限（分子量）	分级分离范围（分子量）	生产厂商
Sepharose4B	4		$0.3 \times 10^6 \sim 3 \times 10^6$	Pharmcia, Uppsala, Sweden
Sepharose2B	2		$2 \times 10^6 \sim 25 \times 10^6$	
Sagavac10	10	2.5×10^5	$1 \times 10^4 \sim 2.5 \times 10^5$	Seravac Laboratories, Maidenhead, England
Sagavac8	8	7×10^5	$2.5 \times 10^4 \sim 7 \times 10^5$	
Sagavac6	6	2×10^6	$5 \times 10^4 \sim 2 \times 10^6$	
Sagavac4	4	15×10^6	$2 \times 10^5 \sim 15 \times 10^6$	
Sagavac2	2	150×10^6	$5 \times 10^5 \sim 15 \times 10^7$	

续表

名称、型号	凝胶内琼脂糖百分含量（W/W）	排阻下限（分子量）	分级分离范围（分子量）	生产厂商
Bio-gelA-0.5M	10	0.5×10^6	$<1 \times 10^4 \sim 1.5 \times 10^6$	Bio-Red Laboratories, California, U.S.A.
Bio-gelA-1.5M	8	1.5×10^6	$<1 \times 10^4 \sim 1.5 \times 10^6$	
Bio-gelA-5M	6	5×10^6	$1 \times 10^4 \sim 5 \times 10^6$	
Bio-gelA-15M	4	15×10^6	$4 \times 10^4 \sim 15 \times 10^6$	
Bio-gelA-50M	2	50×10^6	$1 \times 10^5 \sim 50 \times 10^6$	
Bio-gelA-150M	1	150×10^6	$1 \times 10^6 \sim 150 \times 10^6$	

琼脂糖是琼脂内非离子型的组分，它在 $0 \sim 40$℃，pH4～9 范围内是稳定的。

六、各种凝胶所允许的最大操作压

凝胶	最大操作压（cmH_2O）	凝胶	最大操作压（cmH_2O）
Sephadex		Bio-gel	
G-10	100	P-100	60
G-15	100	P-150	30
G-25	100	P-200	20
G-50	100	P-300	15
G-75	50	Sepharose	
G-100	35	2B	1/(cm 胶长度)
G-150	15	4B	1
G-200	10	Bio-gel	
Bio-gel		A-0.5M	100
P-2	100	A-1.5M	100
P-4	100	A-5M	100
P-6	100	A-15	90
P-10	100	A-50	50
P-30	100	A-150	30
P-60	100		

附录3 SDS-PAGE聚丙烯酰胺凝胶电泳标准蛋白质分子量

一、低分子量标准蛋白质组成

蛋白质名称	分子量(U)
A 兔磷酸化酶B Rabbit Phosphorylase b	97400
B 牛血清白蛋白 Bovine Serum Albumin	66200
C 兔肌动蛋白 Rabbit Actin	43000
D 牛碳酸酐酶 Bovine Carbonic Anhydrase	31000
E 胰蛋白酶抑制剂 Trypsin Inhibitor	20100
F 鸡蛋清溶菌酶 Hen Egg White Lysozyme	14400

二、低分子量标准蛋白质12% SDS-聚丙烯酰胺凝胶电泳后,考马斯亮蓝染色及标准曲线示意图

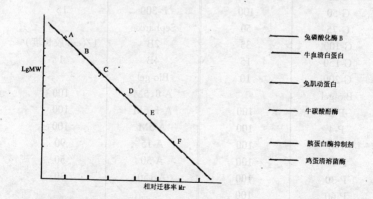

附录4 硫酸铵饱和度计算

一、硫酸铵饱和度计算公式

温度为20℃时 $g = 533(S_1 - S_2)/(100 - 0.3S_2)$

温度为25℃时 $g = 541(S_1 - S_2)/(100 - 0.3S_2)$

二、调整硫酸铵溶液饱和度计算表

硫酸铵起始浓度(%饱和度)	硫酸铵中浓度(%饱和度)																
		10	20	25	30	33	35	40	45	50	55	60	65	70	75	80	90	100
		每升溶液加固体硫酸铵的克数*																
	0	56	114	144	176	196	209	243	277	313	351	390	430	472	516	561	662	767
	10		57	86	118	137	150	183	216	251	288	326	365	406	449	494	592	694
	20			29	59	78	91	123	155	189	225	262	300	340	382	424	520	619
	25				30	49	61	93	125	158	193	230	267	307	348	390	485	583
	30					19	30	62	94	127	162	198	235	273	314	356	449	546
	33						12	43	74	107	142	177	214	252	292	333	426	522
	35							31	63	94	129	164	200	238	278	319	411	506
	40								31	63	97	132	168	205	245	285	375	469
	45									32	65	99	134	171	210	250	339	431
	50										33	66	101	137	176	214	302	392
	55											33	67	103	141	179	264	353
	60												34	69	105	143	227	314
	65													34	70	107	190	275
	70														35	72	153	237
	75															36	115	198
	80																77	157
	90																	79

* 在 25℃ 时，硫酸铵溶液由初浓度调到终浓度时，每升溶液所加固体硫酸铵的克数。

附录5 细菌培养基、抗生素

一、液体培养基

（一）LB 培养基（Luria-Bertani 培养基）

配制每升培养基，应在 950ml 去离子水中加入：

细菌培养用胰化蛋白胨（bacto-tryptone）	10g
细菌培养用酵母提取物（bacto-yeast extract）	5g
NaCl	10g

摇动容器直至溶质完全溶解，用 5mol/L NaOH（约 0.2ml）调节 pH 值至 7.0，加入去离子水至总体积为 1L，在 15 lbf/in² （1.034×10^5Pa）高压下蒸汽灭菌 20min。

（二）NZCYM 培养基

配制每升培养基，应在 950ml 去离子水中加入：

NZ 胺（酪蛋白酶促水解物）	10g
NaCl	5g
细菌培养用酵母提取物（bacto-yeast extract）	5g
酪蛋白氨基酸（casamino acid）	1g
$MgSO_4 \cdot 7H_2O$	2g

摇动容器直至溶质完全溶解，用 5mol/L NaOH（约 0.2ml）调节 pH 值至 7.0，加入去离子水至总体积为 1L，在 15 lbf/in² （1.034×10^5Pa）高压灭菌 20min。

NZYM 培养基除不含酪蛋白氨基酸外，其余成分与 NZCYM 培养基相同。

NZM 培养基除不含酵母提取物外，其他成分与 NZYM 培养基相同。

(三) 高浓度肉汤 (Tartof 和 Hobbs, 1987)

配制每升高浓度肉汤，应在 900ml 去离子水中加入：

细菌培养用胰化蛋白胨 (bacto-tryptone)	12g
细菌培养用酵母提取物 (bacto-yeast extract)	24g
甘油	4ml

摇动容器使溶质完全溶解，在 15 lbf/in^2 (1.034×10^5Pa) 高压灭菌 20min，然后使该溶液降温至 60℃ 或 60℃ 以下，再加入 100ml 经灭菌的 0.17mol/L KH_2PO_4，0.72mol/L K_2HPO_4 溶液 [其配制方法如下：在 90ml 的去离子水中溶解 2.31g KH_2PO_4 和 12.54g K_2HPO_4，然后加入去离子水至总体积为 100ml，在 15 lbf/in^2 (1.034×10^5Pa) 高压灭菌 20min]。

(四) SOB 培养基

配制每升培养基，应在 950ml 去离子水中加入：

细菌培养用胰化蛋白胨 (bacto-tryptone)	20g
细菌培养用酵母提取物 (bacto-yeast extract)	5g
NaCl	0.5g

摇动容器使溶质完全溶解，然后加入 250mol/L KCl 溶液 10ml (在 100ml 去离子水中溶解 1.86g KCl 配制成 250mmol/L KCl 溶液)，用 5mol/L NaOH (约 0.2ml) 调节溶液的 pH 值至 7.0。然后加入去离子水至总体积为 1L，在 15 lbf/in^2 (1.034×10^5Pa) 高压灭菌 20min。

该溶液在使用前加入 5ml 经灭菌的 2mol/L $MgCl_2$ 溶液 [2mol/L $MgCl_2$ 溶液的配制方法如下：在 90ml 去离子水中溶解 19g $MgCl_2$，然后加入去离子水至总体积为 100ml，在 15 lbf/in^2 (1.034×10^5Pa) 高压下蒸汽灭菌 20min]。

SOC 培养基除含有 20mol/L 葡萄糖外，其余成分与 SOB 培养基相同。

（五）2×YT 培养基

配制每升培养基，应在 900ml 去离子水中加入：

细菌培养用胰化蛋白胨（bacto-tryptone）	16g
细菌培养用酵母提取物（bacto-yeast extract）	10g
NaCl	5g

摇动容器直至溶质完全溶解，用 5mol/L NaOH 调节 pH 值至 7.0，加入去离子水至总体积为 1L，在 15 lbf/in^2（1.034×10^5Pa）高压下蒸汽灭菌 20min。

（六）M9 培养基

配制每升培养基，应在 750ml 无菌的去离子水（冷却至 50℃ 或 50℃ 以下）中加入：

5×M9 盐溶液	200ml
灭菌的去离子水至 1L	
适当碳源的 20% 溶液（如 20% 葡萄糖）	20ml

如有必要，可在 M9 培养基中补加含有适当种类的氨基酸的贮存液。

5×M9 盐溶液的配制：在去离子水中溶解下列盐类，终体积为 1L：

$Na_2HPO_4 \cdot 7H_2O$	64g
KH_2PO_4	15g
NaCl	2.5g
NH_4Cl	5.0g

把上述盐溶液分成 200ml 一份，在 15 lbf/in^2（1.034×10^5Pa）高压下蒸汽灭菌 15min。

二、固体培养基

先按上述配制液体培养基，临高压灭菌前加入下列试剂中的一份：

细菌培养用琼脂（bacto-agar）	15g/L（铺制平板用）

细菌培养用琼脂（bacto-agar）	7g/L（配制顶层琼脂用）
琼脂糖	15g/L（铺制平板用）
琼脂糖	7g/L（配制顶层琼脂用）

在 15 lbf/in^2（1.034×10^5Pa）高压下蒸汽灭菌 20min。从高压灭菌器中取出培养基时应轻轻旋动，以使熔解的琼脂或琼脂糖能均匀分布于整个培养基溶液中。必须小心，此时培养基溶液可能过热，旋动液体会发生暴沸。应使培养基溶液降温至 50℃，方可加入不耐热的物质（如抗生素）。为避免产生气泡，混匀培养基时应采取旋动的方式，然后可直接从烧瓶中倾出培养基铺制平板。90mm 直径的培养皿约需 30～50ml 培养基。如果平板上的培养基有气泡形成，可在琼脂或琼脂糖凝结前，用酒精灯灼烧培养基表面以除去之。按设定的颜色记号在相应平板的边缘作标记以区别不同的培养平板。

培养基完全凝固后，应倒置并贮存于 4℃备用。使用前 1～2h 应取出贮存的平板。如平板是新鲜制备的，在 37℃温育时会"发汗"，便会导致细菌克隆或噬菌体噬斑在平板表面交互扩散而增加交叉污染的机会。为了避免这一问题，可以拭去平皿内部的冷凝水并把平皿倒置于 37℃温育数小时方予使用，也可快速甩一下平皿以除去冷凝水。为尽可能减少污染的机会，除去盖上的水滴时应把开盖的平皿倒置握在手上。

三、保存培养基

（一）穿刺培养物

使用容量为 2～3ml 并带有螺旋口旋盖和橡皮垫圈的玻璃小瓶，加入相当于约 2/3 容量的熔化 LB，旋上盖子，但并不拧紧，在 15 lbf/in^2（1.034×10^5Pa）高压下蒸汽灭菌 20min。从高压蒸汽灭菌器中取出玻璃试管，冷却至室温后拧紧盖子。放室温保存备用。

保存细菌时，用一灭菌的接种针挑取分散良好的单菌落，把针穿过琼脂直达瓶底数次，盖上盖子并拧紧，在瓶身和瓶盖上作好标记，室温下存放于暗处（更加广为接受的做法是将瓶盖放松，在适当温度下培养过夜，然后拧紧盖并加封口膜，于室温（最好4℃）避光保存。

（二）含甘油的培养物

1．在液体培养基中生长的细菌培养物

取0.85ml细菌培养物，加入0.15ml灭菌甘油［甘油应在15 lbf/in^2（$1.034×10^5$Pa）高压下蒸汽灭菌20min］，振荡培养物使甘油分布均匀，然后转移到标记好的、带有螺口盖和空气封圈的保存管内，在乙醇-干冻或液态氮中冻结后转至-70℃长期保存。

复苏菌种时，用灭菌的接种针刮拭冻结的培养基表面，然后立即把粘附在接种针上的细菌划于含适当抗生素的LB琼脂平板表面、冻干保存的菌种管重置于-70℃，而琼脂平板于37℃培养过夜。

2．在琼脂平板上生长的细菌培养物

从琼脂平板表面刮下细菌放入装有2ml LB的无菌试管内，再加入等量的含有30％灭菌甘油的LB培养基，振荡混合物使甘油完全分布均匀后，分装于带有螺口盖和空气密封圈的无菌试管中，按上述方法冰冻保存。

四、抗生素溶液

抗生素	贮存液*		工作浓度	
	浓度	保存条件	严密型质粒	松弛型质粒
氨苄青霉素	50mg/ml(溶于水)	-20℃	20μg/ml	60μg/ml
羧苄青霉素	50 mg/ml(溶于水)	-20℃	20μg/ml	60μg/ml
氯霉素	34mg/ml(溶于乙醇)	-20℃	25μg/ml	170μg/ml
卡那霉素	10 mg/ml(溶于水)	-20℃	10μg/ml	50μg/ml
链霉素	10 mg/ml(溶于水)	-20℃	10μg/ml	50μg/ml
四环素**	5 mg/ml(溶于乙醇)	-20℃	10μg/ml	50μg/ml

* 以水为溶剂的抗生素贮存液应通过 0.22μm 过滤器过滤除菌。以乙醇为溶剂的抗生素溶液无须除菌处理。所有抗生素溶液应放于不透光的容器中保存。

** 镁离子是四环素的拮抗剂,四环素抗性菌的筛选应使用不含镁离子的培养基(LB 培养基)。

社,1999

[14] 冷泉港实验室. 分子克隆实验指南(第三版). 北京:科学出版社,2000

参考文献

[1] 李如亮. 生物化学实验. 武汉:武汉大学出版社,1998,1

[2] 郭尧君. 蛋白质电泳实验技术. 北京:科学出版社,1999

[3] 林清华. 免疫学实验. 武汉:武汉大学出版社,1998

[4] 郭勇. 现代生物化学实验技术. 广州:华南理工大学出版社,1998

[5] 杨安钢、毛积芳、药立波. 生物化学与分子生物学实验技术. 北京:高等教育出版社,2001

[6] 北京大学生物系生物化学教研室. 生物化学实验指导. 北京:高等教育出版社,1979

[7] 赵永芳. 生物化学技术原理及应用. 北京:科学出版社,2002

[8] J. 萨姆布鲁克、E.F. 弗里奇、T. 曼尼阿蒂斯. 分子克隆实验指导. 北京:科学出版社,1999

[9] Boyer. Modern Experimental Biochemistry. Benjamin Cummings Press,2000

[10] 赵从建、刘少君、郭尧君. 蛋白质组分析的开门技术-双向电泳. 现代科学仪器,2000,5

[11] 何瑞锋、丁毅、张剑锋、余金洪. 植物叶片蛋白质双向电泳技术的改进与优化. 遗传,2000,22(5)

[12] 盛小禹. 基因工程实验技术教程. 上海:复旦大学出版社,1999

[13] 魏群主编. 分子生物学实验指导. 北京:高等教育出版

图书在版编目(CIP)数据

生物化学与分子生物学实验指导/邵雪玲,毛歆,郭一清主编.—武汉:武汉大学出版社,2003.10
ISBN 978-7-307-03969-8

Ⅰ.生… Ⅱ.①邵… ②毛… ③郭… Ⅲ.①生物化学—实验—高等学校—教材 ②分子生物学—实验—高等学校—教材 Ⅳ.①Q5-33 ②Q7-33

中国版本图书馆 CIP 数据核字(2003)第 059434 号

责任编辑:黄汉平　　责任校对:刘　欣　　版式设计:支　笛

出版发行:武汉大学出版社　(430072　武昌　珞珈山)
　　　　　(电子邮件:wdp4@whu.edu.cn 网址:www.wdp.com.cn)
印刷:武汉武大图物印务有限公司
开本:850×1168　1/32　印张:7.5　字数:185 千字
版次:2003 年 10 月第 1 版　　2007 年 7 月第 3 次印刷
ISBN 978-7-307-03969-8/Q·75　　　　定价:13.00 元

版权所有,不得翻印;凡购买我社的图书,如有缺页、倒页、脱页等质量问题,请与当地图书销售部门联系调换。